连作晚稻
高产栽培

超级稻品种
中早 22

连作晚稻品种
协优 9308

稻田免耕直播种植

稻田机直播种植

抛秧种植

稻田再生稻生长良好

稻田机插秧种植

稻-稻-马铃薯高效栽培模式

双季稻高效配套栽培技术

主 编

朱德峰

副主编

张玉屏　庞乾林

编著者

陈惠哲　邓国富　黄　庆　胡惠英

林贤青　孟卫东　庞乾林　潘晓华

苏泽胜　汤颢军　吴文革　许旭明

游艾青　张玉屏　朱德峰　邹应斌

金盾出版社

内 容 提 要

本书分析了我国9个省份的双季稻生产演变、制约因素和发展对策，探讨了种植制度和种植方式的变化，阐述了各省份主导的双季稻种植方式及其高效配套生产技术、双季稻适宜种植品种及其搭配，以及双季稻主要自然灾害及其预防措施。

本书兼顾理论性和实用性，深入浅出，资料翔实，适宜广大农业技术人员和稻农阅读，也可供科研人员和农业院校相关专业师生参考。

图书在版编目(CIP)数据

双季稻高效配套栽培技术/朱德峰主编 .-- 北京 ：金盾出版社,2010.12

ISBN 978-7-5082-6632-9

Ⅰ.①双… Ⅱ.①朱… Ⅲ.①双季稻—栽培 Ⅳ.①S511.4

中国版本图书馆 CIP 数据核字(2010)第 178559 号

金盾出版社出版、总发行

北京太平路 5 号(地铁万寿路站往南)

邮政编码:100036 电话:68214039 83219215

传真:68276683 网址:www.jdcbs.cn

封面印刷:北京蓝迪彩色印务有限公司

彩页正文印刷:北京金盾印刷厂

装订:永胜装订厂

各地新华书店经销

开本:850×1168 1/32 印张:7.125 彩页:4 字数:128 千字

2010 年 12 月第 1 版第 1 次印刷

印数:1～10 000 册 定价:13.00 元

(凡购买金盾出版社的图书,如有缺页、倒页、脱页者,本社发行部负责调换)

前　言

　　水稻是我国最主要的粮食作物,自 20 世纪 50 年代以来,我国通过水稻生产技术创新实现了水稻单产的二次突破,创造了全国平均单产超 430 千克/667 米²(667 米² 为 1 亩,下同)的纪录。随着社会经济的发展和农村劳动力的转移,自 20 世纪 70 年代中期以来,我国双季稻面积大幅下降,1976 年我国双季稻面积为 2 661.8 万公顷,占我国水稻播种面积的 72%;到 2007 年双季稻面积约为 905.0 万公顷,仅占播种面积的 40% 左右。双季稻面积的大幅下降导致全国水稻面积从 1976 年的 3 696.9 万公顷下降至 2007 年的 2 263.6 万公顷,下降 1 433.3 万公顷。1976—2007 年水稻面积下降中,双季稻面积下降占 58%。

　　近 10 年来,我国水稻单产出现徘徊状态,引起了有关方面的极大关注。虽然我国早稻和晚稻平均年产量低于单季稻,但双季稻单位土地面积产量高于单季稻,1964—2007 年全国双季稻的单位面积年产量比单季稻的高 51%～67%。在人多地少、人增地减的我国,发展双季稻对提高单位面积产量、保障我国粮食安全具有重要意义。

　　本书分析了我国 9 个双季稻生产省、自治区、直辖市的双季稻生产演变、制约因素和发展对策,探讨了种植制度和种植方式的变化,介绍了各省份主导的双季稻种植方式及其主导高产优质生产技术、双季稻适宜种植品种及其搭配,以及双季稻主要自然灾害及其预防措施。本书兼顾理论性和实用性,深入浅出,资料翔实,适宜广大农技人员和稻农阅读,也可供科研人员和大专院校师生参考。本书的出版,将对促进双季稻先进栽培技术的推广应用,提高我国水稻的栽培技术水平,具有重要的现实意义。

本书的相关章节由我国主要双季稻区水稻专家撰写。广东省农科院水稻研究所黄庆研究员负责撰写广东省部分,广西壮族自治区农科院邓国富研究员撰写广西壮族自治区部分,福建省三明市农科所许旭明研究员撰写福建省部分,海南省农科院粮食作物研究所孟卫东研究员撰写海南省部分,江西农业大学潘晓华教授撰写江西省部分,湖南农业大学邹应斌教授撰写湖南省部分,湖北省农科院粮食作物研究所游艾青研究员撰写湖北省部分,中国水稻研究所朱德峰研究员撰写浙江省部分,安徽省农科院水稻所吴文革研究员和苏泽胜研究员撰写安徽省部分,各省农业厅及相关农技站和种子管理站为本书提供了相关资料。在此向各位专家和各个部门对本书撰写作出的贡献表示衷心的感谢。

感谢国家水稻产业体系技术研发中心、水稻生物学国家重点实验室对本书出版的大力支持。由于我国双季稻种植地域差异大,种植制度丰富,品种类型多样,种植方式各异,以及我们的知识所限,书中不足之处难免,请读者批评指正。

目 录

第一章　我国双季稻生产概况

一、双季稻对水稻生产的贡献

我国南方稻区大多数省、市的气候条件适宜种植双季稻。20世纪60年代,随着我国农业生产条件改善、尼龙薄膜设施技术的应用及水稻早、晚种植品种的育成和育秧与栽培技术的进步,南方稻区双季稻面积迅速发展。到1975年,我国全国双季稻面积占水稻种植面积的71.3%(表1-1)。双季稻产量占全国稻谷总产的66.5%(表1-2)。

20世纪70年代以来,随着社会经济发展和农业结构调整,南方晚稻面积下降,全国双季稻面积占水稻面积的比例逐步下降,到2007年我国早稻和晚稻面积分别占全国水稻面积的19.9%和20.9%,双季稻面积占全国水稻面积的40.7%(表1-1),早稻和晚稻总产量分别占全国稻谷总产的16.9%和18.0%,双季稻总产占全国稻谷总产的35%(表1-2)。

表1-1　不同年代全国各季水稻面积比例　(%)

年　份	水稻(万公顷)	早　稻	晚　稻	双季稻	中　稻
1964	2960	25.6	22.3	48.0	52.0
1975	3570	35.9	35.4	71.3	28.7

续表 1-1

年　份	水稻(万公顷)	早　稻	晚　稻	双季稻	中　稻
1985	3210	29.9	30.3	60.1	39.9
1995	3070	26.7	32.8	59.5	40.5
2005	2880	20.9	22.7	43.6	56.4
2007	2890	19.9	20.9	40.7	59.3

表 1-2　不同年代全国各季稻谷总产比例　（%）

年　份	稻谷(亿吨)	早　稻	晚　稻	双季稻	单季稻
1964	0.83000	24.4	18.0	42.5	57.5
1975	1.25560	38.8	27.7	66.5	33.5
1985	1.68569	29.0	26.8	55.8	44.2
1995	1.85227	22.8	31.9	54.7	45.3
2005	1.80590	17.6	19.2	36.8	63.2
2007	1.86034	16.9	18.0	35.0	65.0

近年来,受我国社会经济发展及全球气候变暖的影响,我国水稻种植面积的分布也发生了一定的变化。南方稻区水稻面积大幅下降,而北方稻区,特别是东北稻区水稻面积在上升。南方稻区水稻面积下降主要受双季稻面积下降的影响。尽管双季稻面积和总产在全国水稻中的比例下降,但在南方稻区,双季稻对水稻生产发挥着十分重要的作用。

全国早稻和晚稻平均年产量虽低于单季稻,但双季稻单位土地面积产量高于单季稻,1964—2007 年全国双季稻的单位面积年产量比单季稻的高 51%～67%（表 1-3）。在人多地少、人增地减的我国，双季稻对提高单位面积产量、保障我国粮食安全具有重要意义。

表 1-3　全国不同年代各季水稻单产　（吨/公顷）

年　份	水　稻	早　稻	晚　稻	双季稻	单季稻	双季稻/单季稻
1964	2.80	2.67	2.27	4.94	3.10	1.59
1975	3.51	3.80	2.75	6.55	4.10	1.60
1985	5.26	5.10	4.65	9.75	5.83	1.67
1995	6.02	5.15	5.86	11.01	6.74	1.63
2005	6.26	5.29	5.29	10.58	7.01	1.51
2007	6.43	5.49	5.55	11.04	7.06	1.56

二、双季稻面积分布

我国双季稻的分布主要受年度积温影响，能种植双季稻地区的积温（≥10℃）在 4 500℃以上。

根据 2007 年全国水稻统计资料分析表明，全国双季稻主要分布在长江中下游、华南、西南稻区，且集中分布在长江中下游稻区和华南稻区。其中长江中下游稻区和华南稻区分别占全国双季稻的 59.7% 和 39.7%，而西南稻区仅占 0.6%（表 1-4）。

表 1-4　2007 年各稻区早、晚稻面积占全国水稻面积比例　（％）

稻　区	早　稻	晚　稻	双季稻
长　江	59.4	60.0	59.7
华　南	39.7	39.7	39.7
西　南	0.9	0.3	0.6
全　国	100	100	100

在长江中下游稻区,双季稻面积占本稻区水稻面积的 48.3％,华南稻区双季稻面积占本稻区水稻面积的 89.3％。因此,华南稻区以双季稻为主(表 1-5)。

表 1-5　2007 年各稻区早、晚稻面积占水稻面积比例　（％）

稻　区	早　稻	晚　稻	双季稻
长　江	23.4	24.9	48.3
华　南	43.5	45.8	89.3
西　南	1.2	0.4	1.6
全　国	19.9	20.9	40.7

全国双季稻面积主要集中在江西、湖南、广西、广东、湖北、安徽、福建、海南和浙江,各省份的双季稻面积分别占我国双季稻面积的 24％、23％、17％、16％、6％、5％、4％、3％和 2％(表 1-6)。从表 1-6 看,我国双季稻面积主要集中在江西、湖南、广西和广东 4 个省、自治区,占到全国双季稻面积的 80％。

表 1-6　2007 年我国双季稻地区各地区早、晚稻面积占

全国水稻面积比例 （%）

地　区	早稻	晚稻	双季稻
全　国	100	100	100
浙　江	2	2	2
安　徽	5	5	5
福　建	4	4	4
江　西	24.4	23	24
湖　北	6	7	6
湖　南	23.3	23	23
广　东	16.1	17	16
广　西	17.2	16	17
海　南	2	3	3

　　分析我国双季稻种植地区的各季水稻面积分布（表1-7），2007 年全国双季稻占 40.7%，广东、海南、广西和江西双季稻面积占总水稻面积 87% 以上。湖南和福建双季稻面积占全省水稻面积 52.9%～68.5%，湖北、浙江和安徽双季稻面积在 25.6%～37.7%。

表 1-7　我国双季稻地区早、晚稻面积占水稻面积比例 （%）

地　区	早稻	晚稻	双季稻
全　国	19.9	20.9	40.8
浙　江	12.7	15.2	27.9

续表 1-7

地 区	早 稻	晚 稻	双季稻
安 徽	12.5	13.1	25.6
福 建	25.6	27.3	52.9
江 西	43.0	44.3	87.3
湖 北	17.3	20.3	37.6
湖 南	33.3	35.2	68.5
广 东	48.5	51.5	100.0
广 西	46.6	46.4	93.0
海 南	41.7	58.3	100.0

三、双季稻生产演变

全国水稻种植制度自 20 世纪 60 年代以来发生了很大变化。20 世纪 60 年代,双季稻和单季稻面积各占 50% 左右,到 70 年代双季稻面积占水稻面积的 70%,由于双季稻面积的发展,全国水稻种植面积至 1976 年达到最高,为 3 696.9 万公顷。20 世纪 70 年代以后,随着社会经济发展、农村劳动力转移,双季稻面积下降,20 世纪 80 年代和 90 年代双季稻面积占水稻面积 60% 左右,20 世纪 90 年代以来,双季稻面积进一步下降,至 2007 年双季稻仅占水稻面积的 40% 左右(图 1-1)。

各稻区双季稻面积变化存在较大差异。长江中下游稻区双季稻面积比例的年度变化与全国一致。华南稻区

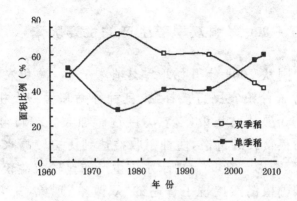

图 1-1 全国单季稻和双季稻面积比例

双季稻比例除 20 世纪 60 年代较低外,70 年代以来保持在 90％的水平。西南稻区在 20 世纪 70 年代双季稻面积比例达到 20％,80 年代以后双季稻面积比例占到 0.6％,重点以单季稻为主(图 1-2)。

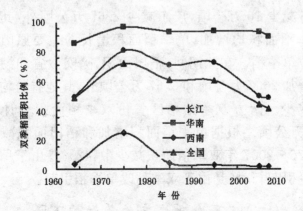

图 1-2 全国及各稻区双季稻面积占水稻面积的比例

四、影响双季稻生产的主要因素

我国从 2004 年开始取消农业特产税,减免农业税,并推行了种粮农民直接补贴、良种补贴和大型农机具购置补贴 3 项补贴政策,支农力度逐年加大。2005 年又大幅提高粮食收购价格,使种粮收益达到历史较高水平(辛良杰,李秀彬.2009)。由于水稻生产的比较效益较低,我国水稻种植仍然出现了普遍的"双改单"现象,其主要原因是受劳动力制约,稻作效益低,特别是双季稻种植效益较低。

(一)南方稻区稻田面积下降

1976 年我国水稻面积最大,分析 1976—2007 年南方双季稻稻区水稻面积变化表明,单季稻面积除四川和贵州省各减少 10 万公顷,广东减少 2.67 万公顷外,其他省份单季稻面积均增加,单季稻面积增长的主要原因是双季稻改单季稻。在此期间,稻田面积,除安徽省和湖南省分别增加 26.7 万公顷和 6.67 万公顷外,其他省份均不同程度减少。南方双季稻稻区省份双季稻面积合计减少 1 433 万公顷。根据单季稻面积增加和稻田面积减少计算,1976—2007 年双季稻面积减少中,42%是由于稻田面积减少引起,58%是由于双季稻改单季稻引起。

(二)从事农业生产的劳动力下降

近年来我国农村外出就业劳动力的工资水平增长较

快。2002—2006 年,到本村以外从事生产经营活动的农民工,人均月工资由 775 元增加至 953 元,增长 23％,导致农户将越来越多的劳动力分配到非农活动上,从事农业的劳动力数量逐年减少,部分地区出现农业劳动力不足的现象。农村劳动力短缺,还导致农业劳动力呈现老龄化、妇女化的趋势。辛良杰等(2009)分析了 2006 年浙江省 500 户固定观察点数据,发现 2006 年从事过农业生产的家庭成员的平均年龄为 49.8 岁,从事农业劳动超过 1 个月的农业劳动力平均年龄为 51 岁,其中妇女比例达到 61.4％。农业劳动力趋向老龄化、妇女化,导致农业生产趋向于少劳动投入的方向发展,双季稻改种单季稻符合这个趋势。同时,种粮成本中的劳动力成本增加,农民工工资上涨,直接导致农业雇佣劳动力工资的上涨。水稻生产用工的工资水平上升,虽然我国推广抛秧、直播、机插秧等节本省工技术,水稻平均每公顷用工数量从 1998 年的 246 天下降至 2006 年的 156 天,而人工成本则从 2 458.5 元/公顷上升至 2 794.5 元/公顷。

(三)双季稻生产效益低

据辛良杰(2009)等研究,2006 年我国双季稻总成本为每公顷 14 664 元,净利润为 3 813.7 元,而种植单季晚稻每公顷总成本共计 9 387 元,单季稻实际产量为 7 717.5 千克,净利润为 4 504.5 元(表 1-8),由此可见,种植单季稻比种植双季稻更有利可图(岑士良 . 1974;辛良杰,李秀彬 . 2009)。

表 1-8　2006 年我国水稻的成本收益状况

项　目	连作早稻	连作晚稻	单季晚稻
总成本(元/公顷)	7329.0	7335.0	9387.0
产量(千克/公顷)	5805.0	5994.0	7717.5
产值(元/公顷)	8707.5	9590.4	13891.5
净利润(元/公顷)	1378.5	2435.2	4504.5
成本利润率(%)	18.8	33.2	48.0
稻谷成本(元/千克)	1.3	1.2	1.2

第二章 各省双季稻生产概况

一、华南稻区双季稻生产

(一)广东省双季稻生产

1. 广东省双季稻生产概况 广东省水稻播种面积2008 年为 1 946.9 千公顷,比 1949 年 4 092.2 千公顷减少 2 145.3 千公顷,其中,1949—1957 年保持在 4 000～4 133.3 千公顷;1958—1984 年,多数年份在 3 533.3～3 866.7 千公顷;1985—1992 年为 2 866.7～3 200 千公顷,1993—2001 年为 2 400～2 666.7 千公顷,2002—2008 年为 1 933.3～2 133.3 千公顷。早、晚稻播种面积的变化趋势与全年播种面积变化情况相一致。

历年稻谷单产变化,每 667 米^2 产量 1949 年为 100千克,2008 年为 344 千克,2008 年比 1949 年增长 2.44倍,667 米^2 产量由 1949 年的 100 千克上升至 1965 年的203 千克,经历了 16 年;从 1965 年的 203 千克至 1982 年的 303 千克,经历 17 年;667 米^2 产量从 1982 年的 303 千克至 1996 年的 400 千克,经历了 14 年;1996 年至 2003年水稻单产徘徊在 400 千克左右,1999 年水稻单产是历史上最高的,达到 425 千克;2004 年水稻单产降低至 350千克,之后至 2008 年一直徘徊在 350 千克左右。

全年稻谷总产量,1949 年为 621.35 万吨,2008 年为 1 007.30 万吨,增长 64.1%。1998 年总产最高,达到 1 688.53 万吨,比 1949 年增长 1.75 倍。全年稻谷总产量增长较快的有两个时期:1962—1965 年,3 年增长 278 万吨,平均每年增长 92.7 万吨;1979—1983 年,4 年增长 238 万吨,平均每年增长 59.5 万吨。这两个时期总产量的增长,都是由单产提高所致。从 1985 年开始,水稻总产下降幅度较大,1985 年比 1984 年减少 211 万吨,主要是由面积的减少所引起的。1996—1999 年虽然水稻面积减少至 2 533.3～2 666.7 千公顷,但水稻总产仍然维持在 1 600 万吨,总产的稳定主要是依靠单产的提高。2002—2008 年水稻总产下降至 1 000 万～1 250 万吨,总产的下降是由面积的减少和单产的下降共同造成的。

2. 广东省双季稻生产中的主要制约因素

(1)双季稻生产效益较低　水稻生产面临耕地面积逐年减少,粮食生产效益较低,加上受自然灾害的影响比较严重等问题,导致水稻总产呈下降趋势。一是播种面积减少。2008 年水稻播种面积 1 946.7 千公顷,比 2000 年减少 520.7 千公顷;二是单产下降。2008 年水稻每 667 米^2 产量为 360 千克,比 2000 年减少 25 千克。三是总产量减少。2008 年稻谷总产 1 051 万吨,比 2000 年减少 372 万吨。水稻总产和效益下降的原因分析表明,一是近年蔬菜、玉米、蚕桑、烤烟等经济作物的价格较高,效益好,农民继续调整种植结构,发展高效作物。二是随着工业化、城市化进程加快,耕地资源不断减少,稳定水稻种植面积的压力较大。三是农资和劳动力成本上涨,种粮成本提高,经济效益低,稻农对种稻的投入减少,学习新技术的积极性不高,影响了水稻单产水平的提高。据广东省 2006 年晚稻的调查,生产成本每 667 米^2 为 578 元,比上年增加 39 元,增加 7.4%;每 50 千克稻谷出售价格 92.16 元,上升 7.39 元,上涨 8.7%;每 667 米^2 稻谷产值 735.5 元,增加 57.44 元,增长 8.5%;每 667 米^2 利润仅为 157.48 元。

　(2)生产技术适应性不强及到位率不高　由于新品种过多且更新换代加快,农民难以从中选择适合当地种植的品种。农民也只能跟风尝试新品种,真正大面积推广超过 1.3 万公顷的品种较少,超过 6.7 万公顷的品种更少,主导品种不突出,难以配套相应的栽培技术,影响水稻产量的发挥及地区单产的提高。由于乡镇农技推广站三权下放乡镇政府后,农技推广人员主要是围绕政府中心工作开展,深入田间开展技术指导的时间减少,仅靠县级农技推广人员难以指导到位;农村有文化的青壮年劳动力外出务工,余下老年人种田,田间管理粗放;技术不到位突出表现在抛秧苗数不足,单产很难提高。目前广东省抛秧面积已超过 70%,抛秧最大优势是低位分蘖,克服了手插过深高位分蘖的缺陷,每 667 米^2 有效穗普遍比手插的多 1 万~3 万穗,可增产 30 千克左右。高产抛秧要求达到 1.8 万~2.0 万丛,而生产上一般抛栽 1.2 万~1.5 万丛。加上塑盘育秧的秧苗素质差,秧龄弹性小,不能适时播种,缩短水稻营养生长期,或者选用熟期偏短的品种,未能发挥抛秧的增产作用。

(3)耕地质量下降 耕地占优补劣,"三废"污染,化肥施用过多,农药使用过量,土壤污染、退化,稻田潜育化问题十分突出,以及干旱、洪涝、盐碱等自然灾害影响,土壤质量下降严重。

(4)气象灾害和病虫害威胁大 由于台风、暴雨洪涝、干旱、低温冷寒等自然灾害发生频繁,导致水稻生产环境进一步恶化,水稻生产防灾抗灾能力难度加大,难以摆脱"大灾大减产,小灾小减产"的被动局面。近年来迁飞性稻飞虱和稻纵卷叶螟等害虫迁入早、发生重,对广东省水稻生产影响极大。局部地区稻瘟病、稻纹枯病也有加重的趋势,也对水稻生产造成影响。一些过去是次要的病害近年也有上升的趋势,如水稻条纹叶枯病、黑条矮缩病发生的区域和面积扩大,蔓延速度加快,造成损失加重。

3. 广东省发展双季稻生产的优势

(1)光温水资源丰富 广东省是我国大陆最南的省份。南临热带海洋,属季风亚热带气候,水、热资源丰富,对于需水量大和喜光的水稻生长十分有利。广东的主要气候特征是高温多雨,夏季长而炎热,冬季温和,偶尔有寒冷天气,雨量充沛,沿海多台风大雨,是全国水热资源最丰富的地区之一,$\geqslant 10℃$ 积温 $5\,000℃\sim9\,300℃$,日较差小,热量丰富,水稻安全生育期长,可达 $187\sim278$ 天,是广东省稻作的显著优势之一。水稻生长期间的日照条件也较有利,早季各地日照时数为 504～828 小时,晚季各地日照时数为 802～1 104 小时。年太阳辐射总量 414.5～552.6 千焦/厘米^2,全省年生理辐射量为 230～280 千焦/厘米^2,太阳光能利用率,按双季稻计算,一般为 0.42%～1.10%,最高达 1.5%～2.0%。广东各地年降雨量为 1 300～2 383 毫米,雨量充沛,有利双季稻的发展。广东省稻田旱涝保收面积为 60%左右。

(2)耕地产能空间大　广东省中低产田面积大,全省有年单产 800 千克/667 米^2 以下的稻田 66.7 万公顷。加强农田基本建设,提高耕地质量,农田的产出能力将会明显提高。治理后,按每 667 米^2 稻田地力提升一个等级可增产 50～100 千克测算,全省可新增水稻生产能力 100 万～200 万吨。

(3)政策扶持力度大　种粮直补、综合直补、良种补贴、农机购置补贴、标准农田建设等项目资金向粮食主产区倾斜,40 个产粮大县建设列为省政府重点工作,这些政策将有力推进广东省水稻生产的稳定发展。今后要采取各种政策和措施防止水稻种植面积的大幅度下滑,稳定水稻种植面积。一是加大各种补贴的力度,提高农民种稻的积极性。二是积极稳妥地开展土地使用权的流转,加快发展多种形式的适度规模经营,使水稻生产从千家万户小生产逐步转向高投入、高技术、高质量、高效益的规模化、专业化、市场化方向发展。

(4)科技创新　近 10 年广东省水稻单产水平一直在 350 千克徘徊,离水稻单产最高的年份 425 千克还有很大的差距,水稻单产有较大的上升空间。2003—2008 年全省通过审定的水稻品种的省区试每 667 米^2 平均产量为 439.94 千克,比 2003—2008 年全省平均产量 358.1 千克,高出 81.8 千克。2009 年早稻 37 个万亩高产创建示范片每 667 米^2 平均产量 598.7 千克,比高产创建前高出 53 千克,充分表明广东省水稻品种和集成技术的增产潜力还很大。优化品种结构,加大主导品种的推广力度,突出主导品种的地位,良种良法配套,增产节支,可以提高水稻产业科技进步贡献率,提高效益。通过加强农田基本建设,提高耕地质量,也可以提高稻田的生产能力。

(二)广西壮族自治区双季稻生产

1. 广西壮族自治区双季稻生产概况 广西水稻播种面积 2007 年为 2 050.9 千公顷,比 1978 年 2 892.0 千公顷减少 841.1 千公顷,其中,双季稻面积占全自治区水稻播种面积的 90%以上。20 世纪 80 年代以前,水稻播种面积一直稳定在 2 700 千公顷以上。1981 年,由于推行家庭联产责任制,农民种粮积极性高涨,1982 年水稻总产首次突破了 1 000 万吨,1983 年更达到 1 213.63 万吨,创历史新高,早、晚稻平均单产达到 295.6 千克/667 米^2,比 1978 年单产 210.1 千克/667 米^2 增加了 85.5 千克。稻谷生产连续丰收,一些地方曾一度出现"卖粮难"问题,认为粮食多了,放松了对生产的重视,减少投入,忽视农田水利建设,1984 年开始稻谷连续 6 年减产,至 1988 年全自治区水稻种植面积减至 2 462.3 千公顷,总产 946.76 万吨,早、晚稻平均单产 256.3 千克/667 米^2,种植面积、总产、

单产均处于低谷,较 1983 年分别减少 10.0％、13.3％和
21.9％。为了扭转水稻生产下滑的局面,1985 年自治区
人民政府要求正确处理粮食与经济作物的关系,坚持"决
不放松粮食生产,积极发展多种经营"的方针,有力地促
进水稻生产的发展,1989 年水稻生产开始恢复,并呈现种
植面积增加,单产持续提高,总产持续增长的态势。这段
时期,由于籼优桂 99、籼优桂 33、籼优桂 44、特优 63、博优
903、秋优 1025 等一批新品种的育成应用,加上推广水稻
旱育稀植、晚稻赶早稻,优质稻开发、两系杂交水稻示范、
再生稻栽培、应用壮秧剂和综合防治病虫害等一批先进
实用技术,广西水稻生产再上新的台阶。1999 年全自治
区水稻种植面积 2 388.7 千公顷,总产 1 427.43 万吨,早、
晚稻平均单产 398.4 千克/667 米²,总产和单产创历史最
高年纪录。虽然种植面积较 1988 年减少 3.0％,但总产
和单产分别增加了 50.77％和 55.44％。2000—2004 年
由于种植业结构调整,广西壮族自治区水稻生产又出现
下降趋势。至 2004 年全自治区水稻种植面积 2 098.9 千
公顷,总产 1 166.66 万吨,早、晚稻平均单产 370.5 千克/
667 米²,比 1999 年分别下降了 12.1％、18.3％和 7.1％。
为了能使水稻生产再度恢复,确保粮食安全,2005 年开始
大面积示范推广水稻抛秧栽培技术和实施"千万亩超级
稻"计划。近几年,全自治区水稻种植面积、总产基本稳
定在 2 100 千公顷和 1 200 万吨左右。

2. 广西壮族自治区双季稻生产中的主要制约因素

(1)双季稻生产效益较低　由于种粮效益低,农民种

粮积极性下降，而效益高的经济作物和果树，如甘蔗、柑橘、花生、蚕桑、葡萄、蔬菜等占用了水田；同时，修路、城镇化扩大开发及农村建房等占用了良田。且由于水利条件差，自然灾害日趋严重，双季稻改单季稻，单季稻改旱地等，造成双季稻面积下降。

（2）生产技术适应性不强及到位率不高　农村劳动力严重不足，青壮年劳动力大部分外出务工，在家务农的基本是老年人、妇女和小孩，在家的劳动力人数越来越少，而且劳动能力不强，农村劳动力严重不足、素质下降，大大削减了农村劳动力从事农业生产的能力，双季稻生产技术适应性不强，技术难到位。

（3）气象灾害和病虫害威胁大　台风、暴雨洪涝、干旱、低温冷寒等自然灾害发生频繁，水稻生产环境进一步恶化，水稻生产防灾抗灾能力难度加大。在病虫害方面，近年来迁飞性稻飞虱和稻纵卷叶螟等害虫迁入早，局部地区稻瘟病、纹枯病和黑条矮缩病也有加重的趋势，对水稻生产造成影响。

3. 广西壮族自治区发展双季稻的对策

（1）改善农田基本建设　通过改善水利条件，保证水稻的灌溉用水，以建设高产稳产双季稻田。广西壮族自治区有效灌溉面积从 1950 年的 512 千公顷，扩大至目前的 1 383.3 千公顷，但旱涝保收、稳产高产农田只有 800 千公顷左右，抗灾能力还很脆弱。搞好农田基本建设，提高抗灾能力，是夺取水稻高产稳产的关键。近年来桂南稻区大部分县（市）加大了水田基本建设的投入，对水田进行了园田化,把零散小面积田块归整,每块田设为 0.1公顷,四周田基硬化,整治排、灌系统,扩大了保灌面积。桂中、桂西和桂北的稻区,目前水利条件还很差,多数水田为望天田。同时,加大恢复和发展冬种绿肥,培肥地力,以建松、软、肥、平、适宜机耕的高产稳产农田。

(2)加大政策扶持　加大国家粮食种植各项优惠补贴和宣传力度,以增强农民种粮积极性,坚决制止稻田抛荒。处理好水稻和经济作物的关系,提倡经济作物上坡上田,少占良田;扶持种粮大户。对种植面积 2 公顷以上的给予一定经济奖励政策,起到模范带头作用,激发农民的种粮热情。

(3)提升中低产田生产水平　采用综合措施,改造中低产田。据普查,广西有 41.6% 的稻田双季单产在 400千克以下,其中在 300 千克以下的占 18.8%。中低产田共同的障碍因素,一是土壤贫瘠,速效养分缺与极缺的面积占 60% 左右,石灰岩地区缺钾尤为严重;二是潜育化稻田面积多,约占水田面积的 15%;三是土壤偏酸或偏碱,如石灰岩地区有 10% 的稻田土壤 pH 值在 7.5 以上,沿海有 2.67 万公顷 pH 值在 4 左右的咸酸田。根据各类中低产田的特点,有针对性地采取不同的综合治理措施,进行科学改造,促进平衡增产。开展高产创建活动,选用良种良法,推广水稻病虫害统防统治,提高病虫防治效果,节约防治成本,确保双季稻高产,充分发挥示范区的辐射带动作用。

(三)海南省双季稻生产

1. 海南省双季稻生产概况 近年来,随着海南农业进行结构调整,大力发展冬种反季节瓜菜和热带水果业,水稻种植面积逐年减少。全年水稻播种面积由 2000 年的 397 千公顷缩减至 2007 年的 334.3 千公顷,降低了 15.8%。海南省水稻种植地区主要分布于几大河流域和新建的大中型水库下游,如屯昌县、定安县和海口市境内的南渡江流域,面积 95.3 千公顷;东方市、昌江县、白沙县、琼中县和五指山市境内的昌化江流域,面积 3.3 千公顷;琼中县、琼海市境内的万泉河流域,面积 26.0 千公顷;保亭县、陵水县境内的陵水河流域,面积 24.0 千公顷;万宁境内的太阳河流域,面积 12.7 千公顷;临高县境内沿文兰江一带,面积 22.0 千公顷;乐东、三亚市境内的宁远河一带,面积 16.0 千公顷;儋州境内的牙拉河一带,面积 21.3 千公顷;文昌县境内的文昌溪一带,面积 45.3 千公顷。从以上水稻分布区域看,水资源较为丰富,但因海南省对农田基本建设投入较少,许多地区水利设施落后,因而相当面积的水稻生产至今还是靠雨水,经常是早稻干旱,晚稻水涝。目前,水稻平均产量比较低,单产增长幅度不大,早、晚稻单产徘徊在 300 千克/667 米^2 左右,全年水稻产量由 2000 年的 169 万吨下降至 2007 年的 150 万吨,下降了 11.2%。随着总产量的下降,海南水稻面临较大缺口。

2. 海南省双季稻生产中的主要制约因素

(1)中低产田比重大,产量低 至 2001 年,海南省水田共 240 千公顷,但有 106.7 千公顷是旱田或涝田,占 44.46%,这类田稻作产量只有 50~150 千克/667 米^2,旱涝保收面积只有 133.3 千公顷,其中还有相当一部分是低产田,这是海南省水稻平均单产远低于全国平均水平的主要原因,海南省高产田产量为 450~550 千克/667 米^2。

(2)水稻品种和生产技术落后　海南现从事水稻栽培技术研究和新品种育种研究的科技人员(海南农科院粮食作物研究所、中国热带农业科学院、海南大学农学院)不到 100 人,科研力量薄弱,且科技单位之间科技合作攻关项目少,高精仪器设备少,高新技术成果少,与全国快速发展的水稻科研形势不相适应,科技投入不足,科技保障和科技推广体系薄弱。目前海南省生产上种植的水稻组合主要是 II 优 128、博 II 优 15 等老组合,有些地方还种植当地的常规品种,这些品种(组合)已种植多年,存在米质差、产量下降、抗性退化严重等缺点,现有主栽品种退化,优良品种更替慢,已不适应市场要求。

(3)水稻生产条件落后,管理水平低　海南省水稻生产为小农户生产模式,对农田的基本建设投入少,许多地区水利设施落后,只能靠雨水,经常是旱稻干旱、晚稻水涝,且农业机械化推广很少。很多配套技术如新品种配套栽培技术,软盘育秧、抛秧技术,平衡施肥技术,病虫害防治技术和无公害栽培技术等试验示范、生产效果很好,但真正在生产中应用的不多。究其原因,除了推广力度不够外,主要是由于水稻生产尚未形成一个高效产业,种植水稻经济效益低,农民不愿投入,对新技术学习应用的积极性也不高,管理粗放,大部分农户种稻不防治病虫害和杂草,水稻产量低而不稳定。

(4)水稻机械化程度低,稻米加工业规模小　目前,海南省主要农业机械拥有量较少,耕作机械中大中型拖拉机2 573台、小型拖拉机29 931台;收获机械中机动收割机106台;农田排灌机械中农用水泵33 570台,已不能满足生产需要。海南省稻米加工厂设备陈旧落后,以粗加工为主,大米破碎率高,光洁度差,稻米交易市场和交易体系建设滞后,难以满足当前市场的要求。

3. 海南发展双季稻的潜力与对策

(1)有利于水稻生长的生态条件　海南省地处热带地区,气候环境与世界香米主产区泰国、巴基斯坦相似,具备良好的热带资源条件,特别是南部的三亚市、陵水县和乐东县是我国不可多得的典型热带市(县);海南岛四面环海,岛内无工业污染,空气指数全国最好,具备发展无公害水稻食品的环境优势;加上投入水稻生产的土地、人力、农业资料成本低,以及由于光、温资源丰富,地处低纬度短日照区,可满足短日照作物水稻对短光的生理需求等带来的产品质量优势。而在2004年,超级稻组合在海南百亩连片试种产量达12.5吨/公顷,表明海南省已具备参与国内外市场竞争的生产技术基础。海南省政府已将水稻生产列为海南优势农业产业之一而加大扶持力度,这些都将促进海南省水稻生产的健康发展。

(2)改善农田基市建设条件　建设一批高产稳产农

田,实现粮食生产可持续发展。海南省目前有中低产田13.34万公顷,其中有10.67万公顷是旱田或沙性较大的贫瘠田,其面积大,产量低,极大制约着海南省水稻单产的提高,对这类田应采取工程措施和生物措施相结合的办法进行改造,培肥地力,提高单产,以增强海南省粮食生产后劲。中低产田改造应做到沟、渠、路配套,建立旱涝保收、稳产高产田,逐步建设成为高标准的现代农业示范区,增强海南省粮食持续生产水平。

(3)加大政策扶持和技术开发　整合资源,实施人才战略,大力培养和引进人才,使科研与市场需求紧密结合,加快优质水稻品种的研究和更新速度,不断提高新品种的品质,逐步建设稳定、规范、标准的优质超级稻、优质香米标准化生产基地,积极开发推广先进实用的种植栽培技术(无公害绿色大米),促进海南省水稻产业化的发展。建设良种繁育体系,为海南省优质超级稻产业与优质香稻产业生产用种提供强有力的保障。

(4)提升水稻生产技术　提高水稻机械化程度,提升稻米加工业规模,提升省内外市场竞争力,大力发展水稻灌溉、耕作、收割机械化,发展机插水稻育秧技术,重点需做好育秧准备、软盘育秧、苗期管理、栽前准备等工作。发展集生产、加工、销售、市场经营于一体的现代稻米加工业,并进一步向安全、绿色、休闲和稻米的综合利用方面发展,使稻米资源得到有效的利用和极大的增值。积极组织农民技术培训,推广应用新技术、新成果,彻底放弃和改变一些传统的耕作方法和习惯,打破传统的各家各户自主分散经营模式,在龙头企业的组织、指导下进行区域品种种植、管理、收获,提高优质米产业化水平。

(四)福建省双季稻生产

1. 福建省双季稻生产概况 福建是一个人口多耕地少的省份,2008年全省耕地面积为123.47万公顷,其中水田100.01万公顷,旱地23.46万公顷,人口3 581万人。人均耕地仅0.035公顷。近几年,粮食自给率仅维持在50%左右。新中国成立前,由于生产条件限制,福建省双季稻面积长期徘徊在267千公顷,仅占水稻面积25%左右,闽西北、闽东北内陆山区以单季稻为主,双季稻主要分布在闽东南沿海平原地区,大部分是间作稻。新中国成立后,全省双季稻生产经历了由少到多、逐步调减的两个阶段。20世纪50年代初至80年代初为双季稻生产规模的上升阶段,80年代中后期开始至目前为逐步调减阶段。全省双季早稻的种植面积及其占水稻面积的比例分别为:20世纪50年代352.9千公顷,占24.91%;60年代472.1千公顷,占34.88%;70年代690千公顷,占41.16%;80年代629.0千公顷,占42.13%;90年代547.7千公顷,占38.45%;21世纪前10年283.1千公顷,占28.99%;2009年福建省农业厅预计面积216.9千公顷,占25.13%。

1954年开始,在闽西北、闽东北内陆山区,推广单季稻改双季间作稻的耕作制度改革。1956年全省双季早稻面积从1955年的292.3千公顷迅速发展至414.8千公顷,扩大了122.5千公顷,在此后的10多年时间里,双季

稻单产一直徘徊在 $150\sim200$ 千克/667 米^2。至 1970 年，福建省大规模地开展了第二次以"三改三化"为主要内容的稻田耕作制度改革，即单季稻改双季稻，间作稻改连作稻，高中秆品种改矮秆品种，基本实现双季连作化，良种矮秆化，密植规格化。全省双季稻面积大幅扩大，1972 年双季早稻面积达到 684.7 千公顷；1975 年达到历史最高的 720.0 千公顷，比 1956 年增加 305.1 千公顷。由于片面强调双季稻化，搞一刀切，部分不适宜种双季稻的高海拔山区也改种双季稻，导致有的年份早季遇"春寒"发生烂种死苗，有的年份早稻孕穗期遇到"五月寒"造成水稻花粉败育，有的年份晚稻遇"秋寒"不能安全抽穗结实，产量低，甚至绝收。1975 年全省有 68 千公顷早稻遇"五月寒"，平均产量仅 205 千克/667 米^2，比上一年度减产 21千克/667 米^2，总产量减少 2.2 亿千克；1976 年早季发生"倒春寒"，全省烂种 3 000 万千克，打乱了早稻品种布局，收获期推迟；秋季又发生严重"秋寒"，全省晚稻有 100 千公顷受到低温危害。从 20 世纪 80 年代初开始，农村实行联产承包制，农业结构得到优化调整，闽南沿海地区的许多双季稻稻田改种经济作物或改为单季稻，使得全省双季稻面积逐年下降。自 90 年代中后期以来，各地开始调整粮食生产，由于早杂优的品质较差，全省早杂优的种植面积急剧下降。进入 21 世纪后，作为粮食主产区的闽西北，由于农村劳动力向城镇的转移，造成农村劳动力的不足，加上农资、肥料价格的上涨，使得种田的比较效益低，因此双季稻面积逐年下降，特别是连作晚稻的面积越来越少。而与此相对应的是,全省单季稻、再生稻的面积逐年扩大。据统计,2008 年福建省双季早稻面积下降为228.7 千公顷,双季晚稻面积下降为 277.3 千公顷。2009年福建省双季早稻面积下降为 216.9 千公顷,双季晚稻面积下降为 210.3 千公顷。

2. 福建省双季稻生产中的主要制约因素

(1)双季稻的种植面积减少　近年来,在闽南和闽东南,由于城市建设发展速度极快,大量的基本农田被占用;在粮食主产区的闽西北,大量的青壮年劳动力进城务工,造成农村劳动力不足,部分适合双季稻生产的农田转为单季稻、再生稻、烟后稻,甚至抛荒。

(2)双季稻生产效益低　由于经济的发展,我国生产资料价格和劳动工资水平普遍上涨。与 20 世纪 70 年代相比,生产资料价格涨幅 10～20 倍,劳动工资水平涨幅50～100 倍。但稻谷价格比国家购销价上涨 10 倍左右,比市场价格仅上涨 3 倍左右。与种植经济作物、单季稻、烟后稻、再生稻相比,双季稻的比较效益偏低。此外,福建省是缺粮省份,由于省外生产的稻米品质较优,且价格相对较低,外省调入的稻谷压制了省内稻谷价格的上升空间,上述因素促使农民放弃双季稻的生产。

(3)生产设施条件不完善　主要是农田水利基础设施建设和机械条件不能满足生产的要求。福建主要产粮区为闽西北和闽东北四个山区市,由于这些地区可用于双季稻种植的田块数量多,面积小,山垄田多,不适合大型农机具的操作,缺乏适应山区条件作业的小型农业机械化设备,缺乏适合机械化插秧的晚稻品种。农民不得不采用手工传统插秧方式。造成用工成本大,耕作效率低。

3. 福建省发展双季稻的潜力与对策

(1)有利于水稻生长的生态条件 福建省地处我国东南沿海,属亚热带季风气候,年均气温 17℃～21.3℃,≥10℃积温 4 500℃～7 500℃。年降水量 1 100～2 000 毫米,年日照时数 1 700～2 300 小时,充足的光、温、水、气资源,为发展双季稻耕作制度提供了优越的气候资源。

(2)提升水稻生产技术 农业科研部门要加强对适合机插、机收的早(晚)稻品种的选育,适合双季稻种植的高产、优质、抗逆性强的新品种的选育,加强双季稻高产、高效、便捷栽培技术的研究,以提高水稻的产量和经济效益。农机部门要加强适合福建山区应用的轻型、便捷的农机具的研发,解决好种植双季稻劳动强度大的问题。农业推广部门要推广应用免耕、直播、抛秧、测土配方施肥等行之有效的轻型简化栽培技术,简化农事操作程序,减轻劳动强度。

(3)加大政策扶持 从法律和政策上采取严格有效的措施减缓基本农田流失的速度,以保障适合发展双季稻的耕地面积。同时,还要加强基本农田水利设施的建设,加大双季稻主产区农田基本建设力度,解决种植双季稻所需的灌排条件,解决好双季稻生产比较效益偏低的问题。各级政府要积极通过土地流转,发展种粮大户,从而规模化、集约化地种植双季稻,降低生产成本,提高种粮效益。农技推广部门要帮助农民建立专业化的服务队伍,进行机械化、病虫防治、技术指导等服务。

二、长江中游稻区双季稻生产

(一)湖南省双季稻生产

1. 湖南省双季稻生产概况 自 1949 年以来,湖南省水稻年播种面积和稻谷总产一直位居全国第一,特别是双季稻生产保持稳步发展,其面积位居全国第一,单产保持前三名。全省水稻生产,1949—1959 年为稳定发展阶段,播种面积由 2 320 千公顷增加至 3 920 千公顷,稻谷总产由 567.1 万吨增加至 1 020.9 万吨。这一阶段稻谷总产的增加主要是靠播种面积的增加,水稻单产徘徊在 162~192 千克/667 米^2。1960—1963 年为连年倒退阶段,其中播种面积减少至 3 220 千公顷,稻谷总产减少至 655.2 万吨,水稻单产降至历史最低的 124 千克/667 米^2。1964—1983 年为快速发展阶段,稻谷总产的增加依赖于播种面积和水稻单产的增加。其中:水稻播种面积在 1976 年达到历史最高的 4 570 千公顷,稻谷总产增加至 1 647.9 万吨,主要依靠播种面积的增加;1976 年以后播种面积逐年减少,水稻单产快速提高,至 1983 年单产达到 371 千克/667 米^2,总产达到 2 458.1 万吨,主要依靠单产的增加。1984—1997 年为徘徊发展阶段,尽管播种面积持续减少至 4 080 千公顷,但由于水稻单产的持续增加,稻谷总产和单产均创历史最高纪录,分别达到 2 668.2 万吨和 436 千克/667 米^2。1998—2003 年为持续下滑阶段,到 2003 年水稻单产、总产和播种面积均下降至 1997 年后的最低点,分别为 405 千克/667 米^2、2 070.2 万吨和 3 410 千公顷。

2004 年以来,由于国家对粮食生产采取激励的政策,水稻生产出现恢复性发展的势头,水稻播种面积和总产均比 2003 年有较大的增长,2008 年全省水稻播种面积达到 4 195.3 千公顷,水稻单产达到 423 千克/667 米^2,稻谷总产达到 2 664 万吨。其中,播种面积的增加主要是靠晚稻,增加 306 千公顷,其次是早稻,增加 219.3 千公顷,中稻增加 53.3 千公顷。2009 年早稻面积增加 106.7 千公顷,单产比 2008 年略减 3～4 千克/667 米^2,但总产仍然是增加的。中稻和晚稻面积与前两年基本持平,也属于丰产年景。20 世纪 90 年代以来,湖南优质水稻发展的重点是提升品质,通过推广优质品种,改进加工工艺和设备,实行产加销一条龙开发,树立了湘米新形象。全省优质食用稻面积 2 000 千公顷,其中高档优质稻达到 666.7 千公顷。

2. 湖南省双季稻生产中的主要制约因素

(1)中低产田比重过大 湖南省中低产稻田面积约占稻田总面积的 2/3,中低产稻田有低温冷浸田、土壤缺素田、天水灌溉田、山阴寡照田等多种类型,改良中低产稻田增加水稻单产的潜力巨大。用地养地结合重视不足,中低产田呈扩大态势,影响水稻综合生产能力的发挥。

（2）**气象灾害和病虫害威胁大** 由于农田水利设施建设严重落后,基本上还是 20 世纪 70 年代的设施,有的甚至还不如当时的灌溉设施。生产上天水田面积增加,旱涝保收面积减少,局部性的旱灾和洪涝灾害频繁发生;气候变化偶然性因素增加,高温或低温频繁发生,杂交水稻制种和水稻生产的风险性加大;受东南沿海热带风暴和台风的影响,水稻发生倒伏和稻飞虱等害虫暴发,新的病虫害增加,如湖南 2009 年早稻和晚稻的黑条矮缩病发生面积在 6 千公顷以上,还受到水稻霜霉病、稻水象甲等病虫危害。

（3）**技术到位率不高** 由于社会发展和环境变化等影响,水稻生产上存在着精耕细作与劳力资源、品种的适应性与灾害天气频率变化频繁、优质品种发展与优质栽培技术滞后,基层技术推广网络机制不完善,技术到位率不高,栽培技术研究与推广难到位。

3. 湖南省发展双季稻的潜力与对策

（1）**增加双季稻的种植面积** 一是通过加强农田水利基本建设,增加水稻灌溉面积,特别是提升丘陵山区的稻田灌溉能力,扩大双季稻的种植面积;二是通过推广省工高产栽培技术、机械化栽培技术,以及通过土地流转形成种粮大户,或者水稻生产合作组织等,稳定现有双季稻的种植面积。

（2）**发挥高产优质品种的增产潜力** 选用兼具高产、优质、多抗和早熟性好的双季稻新品种,即前期早发性好,中期分蘖成穗率高和有效穗数多;后期光合效率高和灌浆速率快的高产优质品种,以提高单产,发挥品种的增产优势。

(3)推广应用水稻生产新技术　推广应用省工栽培技术和机械化栽培技术、中低产稻田改良技术及秸秆还田技术(翻埋、覆盖等)、物化栽培技术和种衣剂、叶面肥、壮秧剂等物化产品、病虫害统防统治等,建设植保承包服务组织,以增强中低产稻田的生产稳产能力,实现大面积平衡增产。

(4)建立多熟种植模式和稻田培肥技术　在采用轻简技术的前提下,研究早稻带土抛栽、晚稻少耕抛栽、稻草还田、猪粪下田等土壤培肥作物养分资源管理技术。利用水稻产业技术创新研发平台,开展多熟种植和土壤培肥的多点定位试验研究。

(二)湖北省双季稻生产

1. 湖北省双季稻生产概况　1949 年湖北水稻面积1 642.5 千公顷,其中中稻 1 488.0 千公顷,占水稻面积的90.59%,早稻 76.0 千公顷,占 4.63%,双季晚稻只有33.3 千公顷,仅占 2.02%,而且早晚两季连作的面积小,复种指数低,自然资源没有得到充分利用,当时水稻生产水平低,中稻平均单产只有 156.5 千克/667 米^2,早稻平均单产 130.5 千克/667 米^2,晚稻平均单产只有 77.5 千克/667 米^2,早晚两季相加单产 208 千克/667 米^2,比一季中稻仅高 51.5 千克/667 米^2。

新中国成立后,湖北把"旱改水、单改双、籼改粳"的"三改"措施作为水稻生产的一项重大改革。1964—1966

年双季稻面积上升很快,为了慎重稳定的发展,避免大起大落,1964年湖北省农业厅根据双季稻要求的自然条件,把双季稻适宜的区域限定为北纬 31°30′以南,山区海拔450米以下;早稻播种期限定在 3 月 25 日左右;晚稻安全齐穗期定在 9 月 20 日之前。并提出早稻采用早、中迟熟品种搭配,晚稻以粳为主的指导性措施。至 1970 年早稻面积已达 679.7 千公顷,晚粳稻面积达 733.6 千公顷,早、晚稻两季相加每 667 米^2 产量 402 千克,比一季中稻平均271 千克高 131 千克,对提高湖北稻谷总产起到重要作用。

湖北省双季稻面积最大是 1977 年,当时早籼稻种植1 116.1 千公顷,晚粳稻 1 214.3 千公顷。从 1978 年起,开始调减双季稻面积,20 世纪 80 年代以来,随着籼型杂交晚稻新品种的推广应用,湖北双季稻生产在总面积减少的同时,晚籼面积迅速增加,晚粳面积逐年减少,近年湖北双季稻面积稳定在 733.6～800 千公顷,单产 386 千克/667 米^2 左右。2009 年湖北省水稻生产总的形势是"三增"即"面积增、总产增、单产增"。据统计,2009 年湖北水稻播种面积 2 045.1 千公顷,其中早稻 357.4 千公顷,单产 388.6 千克/667 米^2;晚稻 416.3 千公顷,单产400.5 千克/667 米^2。

2. 湖北省双季稻生产中的主要制约因素

(1)种植效益低 粮食收购价格偏低,生产资料和劳动力价格上涨,种植双季稻比较效益低下,农民种粮积极性不高。农业生产需要消耗较大的人力、物力,但是和工业、服务业等二、三产业相比,经济效益低。地方政府为了促进当地经济的快速发展往往不愿意将大量的资金投入到农业生产中，而是更加注重当地二、三产业的投资，希望依靠二、三产业的发展带动当地经济的飞跃，因此水稻生产的发展面临着来自发展二、三产业的巨大威胁和挑战。

（2）水土资源约束性持续增强　目前，我国人均耕地仅为 0.092 公顷，不到世界人均水平的 40%；水稻生产耗水量大，由于我国淡水资源不足，进一步发展的空间十分有限。湖北省也面临同样问题。

（3）劳动力因素　双季稻季节紧、劳动强度大，随着农村劳动力大量转移，水稻生产者数量和素质不断下降，在家种田的多为老人、妇女，文化素质低，接受能力差，难以熟练应用新品种、新技术。一些先进实用技术难以得到有效推广；水稻机械化生产技术滞后已成为制约水稻生产的重要瓶颈。

（4）水稻病虫害发生的频率呈上升趋势，危害越来越严重　近年来，二化螟持续严重发生，纹枯病、稻曲病危害加重，三化螟逐步回升，稻飞虱、稻纵卷叶螟大发生频率增加。水稻稻曲病 2004 年全省暴发，稻飞虱在 20 世纪 70—90 年代的 30 年间，只有 8 个大发生年份（即 1974、1975、1981、1987、1988、1991、1997、1998），但是 2003—2005 年已连续 3 年大发生，2006 年，湖北省中晚稻稻飞虱大发生，全年发生面积 3 400 千公顷次，占种植面积 90% 以上。

（5）受气象灾害影响增大　湖北地处东西、南北气候过渡带，也是水稻种植过渡带，双季水稻种植北界位于该省北纬 31°左右,全省粮食生产对气候变化较为敏感。从近几年粮食生产中出现的一些现象发现,气候变化对湖北省粮食生产的影响不容忽视。近年来,高温热害和盛夏冷害对湖北省双季稻生产影响明显。

3. 湖北省发展双季稻生产的对策

(1)继续提高稻谷收购价,提高种稻经济效益,调动农民生产积极性 由于水稻生产的资源、劳动力约束增大,而消费较为稳定,为不使生产滑坡,国家和地方应继续调控和提高稻谷收购价格,同时对低收入城镇居民由政府实行补贴。

(2)进一步加大对农业的投入 虽然近年我国对农业投入有所增加,2008 年中央财政用于"三农"的支出共 5 955.5 亿元,比上年增长 37.9%。2008 年,粮食直补、农资综合补贴、良种补贴和农机购置补贴达到 1 027.7 亿元,比上年增长 107.7%。但我国对农业的财政投入不足问题依然存在,2008 年农业投入占财政支出的 9.5%,甚至还低于发展中国家财政农业投入,他们一般也都保持在 10%左右。而像巴基斯坦、泰国、印度等第三世界国家,财政对农业的投入均要占到财政支出的 15%左右,大大高于我国的水平。增加投入的资金主要用于兴修水利和农田基本建设和土壤改良,提高旱涝保收能力,再是用于农业科技的研发。

(3)恢复"早籼晚粳"的早、晚稻搭配格局 粳稻耐低温能力较强,在双季稻种植季节较紧的北缘地区,要调整品种结构,适当发展粳稻生产,恢复"早籼晚粳"的早、晚稻搭配格局,以利于防范秋季低温,实现安全齐穗,降低晚稻生产风险。

(4)重点研发选育优质、高产、广适新品种和先进实用的轻简化栽培技术　早稻要重视品种搭配,错开劳力,晚稻要发展粳稻,提高保险系数,提高双季稻的产量水平。要加大适应农村劳力转移后急需的机械化作业和轻简栽培技术研发,如直播、抛秧、免耕栽培技术等,要形成规模化、标准化栽培技术规程,指导农民种稻向省工省力高效安全方向发展。

(5)发展社会化服务　从长远看,必须对当前农村承包责任制实行重大改革,开展土地流转,实行规模化种植,集约化管理,产业化开发,并推行生产资料、机械化作业、病虫防治等社会化服务,以降低生产成本,提高劳动生产率,改变当前单家独户、一户分散种几亩田的小农经济格局。

(三)江西省双季稻生产

1. 江西省双季稻生产概况　江西是我国主要的双季水稻产区之一。自 20 世纪 50 年代的单季改双季以来,双季水稻一直都是江西稻田的主要种植方式。综观江西双季水稻近 60 年的发展,双季早、晚稻种植面积均呈现 4 个明显的发展阶段。双季早稻:1952—1958 年为迅速发展阶段,播种面积由 1952 年的 1 025.3 千公顷增加至 1958 年的 1 660.7 千公顷;1958—1997 年为稳步发展阶段,此阶段虽然年度间播种面积有所波动,但均在 1 333.3 千公顷以上,1971 年达到 1 806.7 千公顷;1998—2003 年为萎缩阶段,此阶段面积不仅少于 1 333.3 千公顷,而且逐年下降,2003 年萎缩至 1 083.3 千公顷,仅为历史最大面积的 60%;2004 年以后为逐步恢复阶段,此阶段播种面积逐年增加,至 2008 年恢复到 1 385.3 千公顷。双季晚稻:1952—1970 年为快速发展阶段,播种面积由 1952 年的 283.3 千公顷,发展至 1970 年的 1 310.0 千公顷,增加近 5 倍;1971—2000 年为稳步发展阶段,此阶段播种面积稳定在 1 333.3～1 466.7 千公顷;2001—2003 年为萎缩阶段,面积由 2000 年的 1 346.0 千公顷下降至 2003 年的 1 121.3 千公顷;2004 年以后为恢复阶段,至 2008 年恢复到 1 466.7 千公顷。无论双季早稻还是双季晚稻,单产均逐年增加。其中,双季早稻单产于 1970 年和 1984 年分别突破 200 千克/667 米^2 和 300 千克/667 米^2;双季晚稻单产于 1966 年、1979 年和 1988 年分别突破 100 千克/667 米^2、200 千克/667 米^2 和 300 千克/667 米^2,且 1988 年以后的双季晚稻与双季早稻的单产基本接近,改变了 1988 年以前双季晚稻单产明显低于双季早稻的状况。

2. 江西省双季稻发展的主要制约因素

(1)种植双季稻的比较效益较低 由于农资价格和劳动力成本的上升,水稻生产成本持续上升,农民种植双季稻每季的经济收益只有 150～200 元/667 米^2,严重影响农民种稻积极性,大多数农民都不以种稻作为主要收入来源。因此,在种稻效益不高的情况下,农民将稻田双改单或种植其他经济作物的意向很强,双季水稻面积很难稳定。

(2)双季稻生产的劳动强度大 与一季稻相比,双季稻需两次栽种、两次耕整、两次收获,尤其是"双抢",不仅劳动强度大,而且天气炎热,在农村青壮劳动力大都外出务工的情况下,老幼妇孺难以承担。如果省力栽培技术、机械化耕整和收获跟不上,稻农就会选择种植一季水稻。

(3)灌溉设施年久失修老化　江西尽管雨量充沛,但雨量分布不均匀,季节性缺水严重。20世纪六七十年代,为了发展双季水稻,农村修筑了很多山塘水库和灌渠,如今不少灌渠荒废、小山塘水库淤塞或无人管理,致使一些以往种植二晚的丘陵地区因缺乏灌溉条件而不能种植二晚,尤其是在干旱年份。

(4)政策性补贴力度不大　2004年起国家启动粮食直补、良种补贴和农资综合补贴在内一系列农业补贴,对促进水稻生产起到了很好的作用,但种粮补贴政策在具体操作过程中,"粮食直补"变成了"对耕地补贴","良种补贴"等同于"粮食直补",存在种粮的农民拿不到补贴,拿到补贴的农民不种粮和领取补贴的土地不种粮的情况。现行的这种"普惠制"的粮补政策也在一定程度上制约了农民发展双季稻的积极性。

3. 江西省发展双季稻的潜力与对策

(1)增加双季稻种植面积和单产　江西省的双季水稻面积,在现有的2866.7千公顷基础上,再增加133.3～166.7千公顷,主要为丘陵山区的望天田和湖区的内涝田可增加近66.7千公顷左右,单季改双季有66.7～100.0千公顷的潜力。江西双季水稻的单产虽逐年增加,但平均仅有370千克/667米^2,不仅区域间差异大,而且与周边省的双季水稻单产相比也有差距,如果技术到位,良种良法配套,实现平衡增产,单产达到 400 千克/667 米² 以上是可能的。

(2)政策扶持,技术支撑 一是制定一系列鼓励种植双季稻的政策措施,尤其是在稳定提高稻谷价格政策方面,以提高农民发展双季稻的积极性和自觉性;二是加强技术创新和集成,在轻简、省力、农机与农艺结合方面取得突破,以简化农事操作、减轻劳动强度,解决农村青壮劳动力紧张与双季稻发展的矛盾,实现轻简、省力与高产、高效的有机结合;三是加强农技推广队伍和农技推广体系建设,创新农技推广方式和机制,使先进适用的双季水稻生产技术有人推广、有人服务,产生出效益;四是加强农业基础设施建设,特别是农田水利建设,提高稻田抵御水旱灾害的能力,确保双季稻种得下且能稳产高产。

三、长江下游稻区双季稻生产

(一)浙江省双季稻生产

1. 浙江省双季稻生产概况 浙江省水稻种植历史悠久,早在 7 000 年前已开始种植水稻,但浙江省人多地少,粮食向来不宽裕,历史上就是个缺粮省份。20 世纪 90 年代以前一直以种双季稻为主,历史上种植面积最大的是 1974 年,达 2 555.3 千公顷,其中早稻 1 253.3 千公顷,晚稻 1 302.0 千公顷,水稻面积占当年粮食作物总面积的 73%。1990 年前后,水稻播种面积在 2366.7 千公顷左右,仍以种双季稻为主,其中早稻面积 1 033.3 千公顷左右,连作晚稻面积 1 146.7 千公顷左右,单季晚稻面积 186.7 千公顷左右,水稻种植面积占粮食总面积的 72% 左右。1992 年以后水稻种植面积出现了持续下滑态势,主要经历了两次大的调整时期。第一次大调整发生在 1992—1994 年,早稻由 1 040.0 千公顷左右减到 826.7 千公顷左右,减了 213.3 千公顷左右,晚稻面积基本稳定,仅减少 80.0 千公顷。1995—1997 年水稻播种面积基本稳定,其中早稻面积略有恢复。第二次大调整发生在 1998 年以后,尤其是 2000 年以后。至 2003 年全省水稻播种面积为 979.3 千公顷,比 1990 年减少 1 404.06 千公顷,仅为 1990 年的 41%。其中早稻仅 129.3 千公顷,比 1990 年减少 914.7 千公顷,减少 87.6%;晚稻 850.0 千公顷,比 1990 年减少 489.3 千公顷,减少 36.5%。2004 年以后在各级政府的高度重视、一系列政策的扶持和市场粮价大幅回升共同作用下,水稻生产出现了重要转机,水稻种植面积扭转了连年下滑的局面。2004 年全省水稻种植面积 1 027.3 千公顷,比上年增加 48.0 千公顷,其中早稻 154.0 千公顷,增加 24.7 千公顷,晚稻 873.3 千公顷,增加 23.3 千公顷。稻谷总产量 686.94 万吨,比上年增加 40 万吨。至 2007 年全省水稻种植面积 1 020.1 千公顷,其中早稻 149.9 千公顷,单产达到 471.0 千克/667 米^2,晚稻 870.2 千公顷,单产达到 483.1 千克/667 米^2。

2. 浙江省双季稻生产中的主要制约因素

(1)双季稻效益低 粮价仍偏低,粮食比较效益低。

近年来,浙江省出台了早稻谷订单奖励政策,种植早稻效益有所提高,2009年早稻谷收购价2.36元/千克(包括0.40元/千克的奖励)比上年提高0.30元/千克,农民种植早稻每667米²纯收益在350元左右,但种植晚稻效益依然不高,2009年晚稻谷市场价在1.80~1.90元/千克,与2008年持平,种植晚稻每667米²收益在200元左右。虽说种粮有多种补贴,但对一家一户小规模经营的农户来说没有多大吸引力,不足以调动农民种粮积极性,并且多数农户种粮是为了自给,"双夏"期间天气炎热,人工难找,很多农户一年只种一熟单季晚稻。

(2)双季稻种植季节紧　浙江省部分地区早稻季节不是很紧张,但为了早稻机械收获和连晚早种,常出现早稻后期断水过早、割青,制约了早稻产量的提高。连作晚稻考虑到安全齐穗等,在目前机插不普及的情况下,只能以手插秧,增加了成本支出。

(3)技术到位率低　种粮农民多数年龄偏大、文化程度较低,重体力劳动能力减弱,接受农业新技术及经营核算能力较差,施肥、喷药不是根据农技人员或专家提供的技术方案,而是带有一定的盲目性的随大流,不自觉地增加了种粮成本,降低种粮效益,技术很难到位。

(4)农田基础设施薄弱　浙江省部分双季稻区地处丘陵地带,田畈高低不平,机耕路、水利等基础设施差,水利设施差,影响了双季稻的生产。

(5)自然灾害多　浙江省属台风多发地区,7~9月份常遭台风侵袭,早稻成熟期倒伏、发芽;连作晚稻苗期淹水死苗,抽穗结实期倒伏等,产量损失惨重。

3. 浙江省发展双季稻的潜力与对策

(1)增加早稻面积　浙江早稻生产不仅有良好的光温自然条件,早稻产量高于连作晚稻产量,而且早稻生产病虫害防治成本相对较低,当前稳定发展双季稻的重点和难点是早稻生产,只有早稻生产上去了,双季稻生产才能稳定发展。所以,当前稳定发展双季稻着力点要放在早稻生产上。

(2)促进土地流转　发展规模种粮的同时,要大力发展粮食生产服务组织,开展水稻生产"代育、代耕、代种、代管、代收"代理服务,以降低劳动强度,增加种粮效益,这是发展双季稻生产的重点。

(3)选育适宜品种,提高机械化程度　大力推广抗倒性强、生育期短、秧龄弹性好、适应性强的连晚新品种,推广适用轻简栽培技术,减少人工成本支出。发展和扶持种粮大户、粮食生产专业合作社,提高机械化程度。

(4)加强农田基市条件建设　增加投入,加强农田基础设施建设,完善水利设施建设,确保晚稻生产安全。开展水稻避灾栽培技术研究与推广。

(二)安徽省双季稻生产

1. 安徽省双季稻生产概况　新中国成立之初的1949—1955 年为安徽省水稻恢复发展阶段,多数地方为一麦一稻、一油一稻,一水(冬沤田)一稻的种植模式,早稻和单季晚稻分别占 10% 和 14%。1951 年全省稻作面积 1 872.4 千公顷(占粮食种植面积的 36%),单产 131

千克/667 米²。1955 年全省水稻播种面积扩大到 2 016.8 千公顷,较 1949 增加 8.04%,单产提高到 179.5 千克/667 米²;1956—1965 年为双季稻起伏不定、徘徊推广期,1956 年早稻 594.7 千公顷、双晚 638.1 千公顷,是迄今安徽稻作面积最大年份,双季稻比开始刚推广的 1955 年扩大了 9.6 倍;但双晚平均单产仅 44 千克/667 米²(因为大面积引进推广东北粳稻青森 5 号引起严重早穗而减产),比 1955 年 的 单产 76 千克/667 米² 下降 42.11%。1966—1970 年为双季稻稳定发展期,双季稻栽培技术逐渐为农民所掌握,早稻年平均面积 477.3 千公顷,占稻作总面积的 27.1%,双季晚稻年平均面积 262.7±64.0 千公顷,占稻作总面积的 15.81%。1971—1977 年为双季稻大发展期,1971 年双季稻首次突破 666.7 千公顷,每年平均 735.3±120.0 千公顷,占稻作面积的 42.24%。1978—1990 年为双季稻面积调减期,双季稻面积由 1978 年的 1 647.7 千公顷、比例 73.3%,缩减到 1990 年的 1 102.0 千公顷、比例 47.66%。这一时期早稻面积调减比例大于双季晚稻。1991—2003 年为双季稻大调减期,1991 年以后,品质较差早稻退出保护价收购,出现卖粮难;加之农村劳动力的大量转移,劳动强度大的双季稻进一步缩减。1998 年以后全省双季稻面积由 1991 年的 1 041.5 千公顷缩减到 418.2 千公顷,比例也由 46.3% 降低到 21.2%。2004 年以来为稳定维持期,双季稻面积稳定在 566.7 千公顷左右(早稻 280.0 千公顷、双晚 290.0 千公顷左右)。这一时期单产较为稳定,尤其早稻季节气候相对较好,少受灾害影响,单产接近 350 千克/667 米²;双晚受气候灾害和生物灾害影响产量起伏较大,2004—2008 年平均单产仅为 334.2 千克/667 米²,低于同期早稻。

2. 安徽省双季稻生产中的主要制约因素 近年双季稻已基本稳定在庐江—巢湖以南水利、劳力等条件较好的平原和丘陵地区,双季稻田面积还有 267 千公顷,约占全省稻田面积的 1/7。两季年产稻谷比单季稻可高 200 千克/667 米²,但安徽系双季稻最北缘地区,受温、光条件限制双季稻品种选择余地小,产量发挥受到影响。目前安徽双季稻生产面临以下问题:

(1)缺乏主推品种 由于现有的市场小,加之品种审定、管理、销售等方面的原因,安徽双季早、晚稻品种审定与生产脱节,自育品种很少且难以通过审定,生产引进品种多、乱、杂;如近年 267 千公顷早稻,年种植超过 6.7 千公顷的品种有 17 个之多,但最大单个品种面积也很难超过 13 千公顷,且多为周边的品种;晚稻也存在这样的现象。这些品种有些没有通过安徽审定或国家审定,一旦生产出现问题,农民理赔无门。

(2)主推技术不明,栽培技术粗放 近年来由于农村外出务工较多,农村留守的多为老弱,劳动力素质严重下降,而且粮食的比较效益低,虽然国家惠农政策的支持力度不断加大,但一家一户的小农模式,技术增产的规模效应缺失,造成农民对增产技术缺乏兴趣,力求轻简乃至粗放;技术复古化,直播栽培面积扩大。其实安徽乃双季稻北缘,直播栽培只能是局部温、光条件较好的次适应技术,但目前本省双季早稻直播面积超过早稻种植面积的一半,致使单产严重偏低。

3. 安徽省发展双季稻的潜力与对策

(1)潜　力

①有利于水稻生长的生态条件　本区气温较高,年平均气温 16℃～17℃,≥10℃积温在 5 000℃,其中最高的宿(松)望(江)亚区高达 5 300℃以上;年降雨量在 1 100毫米以上,水稻生长季节多达 840～1 000 毫米,一半以上耕地处于圩畈水网地带,土壤肥沃,水热条件较好,且素有精耕细作习惯,是安徽双季稻适宜发展区。加大安徽的双季稻推广,在光、热和生产条件较好的地方维持在目前的面积水平,适当发展双季稻面积约 670 千公顷(早稻300 千公顷、双晚 370 千公顷)。

②政策扶持,技术支持　制定一系列鼓励种植双季稻的政策措施,提高稻谷价格方面的政策支撑,提高农民发展双季稻的积极性和自觉性;加强技术创新和集成,在轻简、省力、农机与农艺结合方面取得突破,以简化农事操作、减轻劳动强度,解决农村青壮劳动力紧张与双季稻发展的矛盾,实现轻简、省力与高产、高效的有机结合;加强农技推广队伍和农技推广体系建设,创新农技推广方式和机制,使先进适用的双季水稻生产技术有人推广、有人服务,产生出效益。

(2)对　策

①实施秸秆还田和推广绿肥,用养结合,大力改造中低产田　针对沿江圩丘双季稻田地下水位高、潜育化和

次生潜育化程度高等的土壤结构障碍型田,土壤黏重犁底层紧密的透水不良田以及低温冷浸田、山阴寡照田等中低产田比重大的实际,在大力实施中低产田改造,深挖排灌沟渠、降低地下水位,完善改良田间工程的同时,推广应用机收秸秆粉碎还田、高留茬,以及恢复种植红花草等,用养结合,改良土壤结构、提高基础地力、增强中低产稻田的生产稳产能力,实现大面积平衡增产。

②优化品种布局与种植制度搭配,培育高产、优质、生育期适中、适应性广的新品种 进一步发展"早籼晚粳"的种植模式,加大晚粳种植比例,以适应双季稻种植季节紧张的矛盾、规避晚季生育后期低温危害结实的潜在风险,确保安全齐穗、结实,实现全年均衡增产增收。

早稻要重视苗期耐低温的优质早籼品种选育与引进,熟期上早、中、晚搭配,以早中熟为主;晚稻着重发展中晚熟优质粳稻,搭配中迟熟杂交晚籼,提高耐低温灌浆成熟能力。

③推广应用广适性的轻简精确化水稻栽培新技术,以省工节本、高产高效 在注重高产栽培技术研发推广的同时,要加大适应农村劳力转移后急需的机械化作业和轻简栽培技术研发,如机条播、机穴播、人工精量直播、旱育无盘抛秧、免耕栽培技术等,示范推广标准化技术规程,规范目前生产上直播、抛秧技术,防止过度轻简甚至粗放技术的不推自广,指导农民种稻向省工省力与高产高效协同的方向发展。

第三章　我国双季稻种植制度

我国水稻种植气候类型多样，种植范围广，品种类型多，为我国双季稻发展提供了基础条件。随各稻区社会经济发展，水稻品种类型和特性，双季稻种植方式和栽培技术，以及种植制度都发生了很大的变化。

一、我国水稻种植制度及其发展

中国双季稻区主要分布在南方稻区的长江中下游地区和华南稻区，各地的生态条件各异。长江中下游稻区人多地少，土地肥沃，具有典型的亚热带季风气候，温暖湿润，无霜期 210～280 天，≥10℃积温 4 500℃～5 600℃，年降水量 800～1 600 毫米。以种植水稻为主，兼产棉、麻、油菜、蚕丝、茶等。长江以北江淮之间多实行稻麦两熟制，长江以南则多双季稻，盛行绿肥—稻—稻、油菜—稻—稻，或麦—稻—稻等三熟制，是世界上集约化种植水平最高的地区之一。华南稻区位于南岭以南，为我国最南部，包括广东、广西、福建等地。地形以丘陵山地为主，稻田主要分布在沿海平原和山间盆地。气候暖热，无霜期 330～360 天，≥10℃积温 6 500℃～9 300℃，日照时数 1 000～1 800 小时；稻作期降雨量 700～2 000 毫米，稻作土壤多为红壤和黄壤。种植制度是以双季籼稻为主的一年多熟制，实行与甘蔗、花生、薯类、豆类等作物当年或隔年的水旱轮作。部分地区热带气候特征明显,实行双季稻与甘薯、大豆等旱作物轮作。稻作复种指数较高。20世纪50年代,西南各省和苏、皖发展冬种两熟制,华南发展冬种三熟制;60年代初,调整了水稻和冬作物布局,减少连作稻,适当压麦、增油、增肥;70年代是双季稻三熟制大发展阶段,双季稻向北、向高海拔地区推进,对粮食增产起了重要作用;双季稻三熟制中油—稻—稻比重上升,肥—麦—稻—稻比重下降。20世纪60—80年代,长江中下游双季稻占全国稻作面积的45%以上,其中,浙江、江西、湖南省的双季稻占稻作面积的80%~90%。20世纪90年代以来,由于农业结构和耕作制度的改革,以及双季早稻米质不佳等原因,双季早稻面积锐减,长江以南多为单季稻三熟或单季稻两熟制,双季稻面积比重较大;长江以北多为单季稻两熟制或两年五熟制,双季稻面积比重较小。我国在20世纪50—60年代间,双季稻面积占46%~

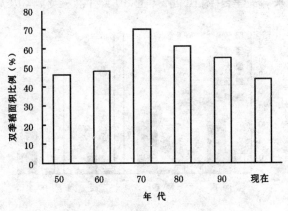

图3-1 我国不同年代连作稻面积比例 (%)

48％之间,70年代发展到占70％(图3-1),促进了水稻种植面积大幅增加。自80年代以来,连作稻面积下降,随着农村改革及经济社会发展,双季稻面积下降,单季稻面积提高。

二、华南稻区水稻种植制度

华南双季稻稻作区主要包括广东、广西、福建、海南等地。地形以丘陵山地为主,稻田主要分布在沿海平原和山间盆地。常年稻作面积约510万公顷,占全国稻作总面积的17％。种植制度是以双季籼稻为主的一年多熟制,实行与油菜、麦类、蔬菜等作物当年或隔年的水旱轮作。部分地区热带气候特征明显,实行双季稻与甘薯、大豆等旱作物轮作。海南现在冬作主要有冬闲、油菜、大小麦、蔬菜和绿肥5种,以蔬菜和大、小麦为主;20世纪50年代以来,福建冬闲田面积在80年代达最高,以后逐年

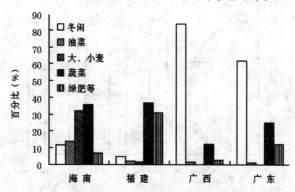

图3-2 2009年各省、自治区大田作物种植比例

下降。目前,以种植绿肥为主。大、小麦的种植逐年下降,蔬菜的种植逐年提高。广西以种植双季稻为主,冬闲田占80.0%左右,近几年冬季马铃薯面积增加较快,冬作油菜占2.0%,马铃薯、蔬菜占到18.0%。广东冬闲田从20世纪60年代到现在,基本上稳定在60%左右,油菜种植面积在1.0%左右,大、小麦种植面积逐年下降到现在只占种植面积的0.2%,蔬菜种植面积逐年上升,蔬菜种植面积已达25.0%(表3-1,图3-2)。

表3-1　不同年代大田种植作物比例　（%）

省份	作物	1950—1959年	1960—1969年	1970—1979年	1980—1989年	1990—1999年
福建	冬闲	37.8	36.8	39.8	56.2	37.7
	油菜	7.5	3.4	4.3	4.5	3.7
	大、小麦	45.6	38.4	25.6	21.9	19.6
	蔬菜	4.3	3.3	2.0	6.6	20.5
	绿肥等	4.8	18.1	28.4	10.8	18.5
广西	冬闲	93.3	93.7	94.5	90.0	88.0
	油菜	6.5	6.0	5.0	5.0	2.0
	蔬菜	0.2	0.5	0.5	5.0	10.0
广东	冬闲田		60.0	57.0	65.0	61.0
	油菜		1.2	1.0	1.1	0.8
	大、小麦			10.0	4.4	1.5
	蔬菜等		5.0	10.0	17.5	24.0
	绿肥等		33.8	22.0	12.0	12.7

三、长江中游稻区水稻种植制度

长江中游双季稻区主要包括湖南、湖北和江西等省，稻作生长季 210～260 天，≥10℃积温 4 500℃～6 500℃，日照时数达 700～1 500 小时，稻作期降雨量达 700～1 600 毫米。本区籼、粳稻均有，杂交籼稻占本区稻作面积的 70%以上，对全国粮食形势仍然起着举足轻重的作用。

湖南水稻先后经历了单季稻改为双季稻、高秆品种改为矮秆品种、常规稻改为杂交稻、"三系"杂交稻改为"两系"杂交稻、普通稻改为优质稻，使全省粮食实现了大面积、大范围、大幅度的增产，大田种植冬季作物以油菜、大小麦、蔬菜和绿肥为主，而现在冬闲地占到 56.0%（表3-2）。依据湖南的地域和水稻生产特点，湘北、湘南、湘中为双季稻种植区，湘北平湖区是湖南省典型的双季稻区，地势相对平坦、适于大规模作业、地多人少、耕地面积大、劳动力相对匮乏是当地水稻生产的典型特点。所以，以重点发展轻简高效模式为主，实行机械化抛秧、机械化直播、机械化收割。具体种植模式为早季抛秧晚季移栽、双季双抛、早季直播晚稻抛秧等轻简高效模式。早季抛秧晚季移栽是该区最常用、农民掌握最熟练的双季稻模式，但随着直播除草技术日趋成熟、全球气候变暖、农村农动力进一步转移，早季抛秧晚季抛秧、早季直播晚季抛秧等省工高效的双季稻模式呈逐年上升趋势，甚至对早季直播晚季直播也略有尝试（青先国，2007）。湘北平湖区双季早、晚稻品种选择应以优质高产的食用稻为主，采用标准化的无公害生产技术,注重节氮高效栽培技术的研发与应用,以提高稻米品质,确保双季稻生产优质高效。湘南丘岗区稻田多丘陵岗地,稻田主要以梯田为主,稻田丘块小、地力相对贫瘠。温光资源丰富、降雨相对集中,水肥流失、季节性干旱与洪涝发生频繁,双季稻产量稳定性差,丰产性不够。湘中也以盆地丘陵为主,但土质好,单产水平高。

表 3-2　长江中游不同年代冬季作物面积比例 　(%)

省　份	年　代	早、晚稻种植制度的冬季作物面积比例(%)					
	(20世纪)	冬闲田	油菜	小麦	大麦	蔬菜	绿肥等
湖　南	50	30.0	8.0	12.0	2.0	6.0	42.0
	60	25.0	10.0	10.0	2.0	6.0	47.0
	70	24.0	14.0	8.0	3.0	5.0	46.0
	80	38.0	23.0	5.0	3.0	5.0	26.0
	90	45.0	30.0	5.0	2.0	7.0	11.0
	现　在	56.0	24.0	2.0		8.0	8.0
湖　北	50	15.6	77.5	—	3.5	1.9	0.1
	60	25.3	69.3		3.1	2.1	0.1
	70	38.7	55.6		3.6	2.0	0.1
	80	39.3	56.1	—	2.2	1.9	0.1
	90	50.1	44.2		2.5	2.5	0.4
	现　在	38.5	57.3		2.8	0.7	0.6

续表 3-2

省 份	年 代	早、晚稻种植制度的冬季作物面积比例(%)					
	(20世纪)	冬闲田	油菜	小麦	大麦	蔬菜	绿肥等
江西	50	20.0	10.0	—	—	—	70.0
	60	15.0	5.0	—	—	—	80.0
	70	11.0	4.0	—	—	—	85.0
	80	33.0	7.0	—	—	—	60.0
	90	40.0	20.0	—	—	—	40.0
	现 在	64.0	8.0	—	—	—	28.0

　　江西省大田冬季作物以油菜和绿肥为主,绿肥种植在20世纪80年代以前达60%以上,现在占28%,主要以冬闲田为主(表3-2)。江西以水稻抛秧技术作为轻简栽培技术的重点,抛秧技术于20世纪90年代初引进,经过大量试验示范,配套产品和技术逐步成熟,1996年开始较大面积示范,到2000年超过466千公顷。应用面积逐年扩大,农户乐于接受,至2008年全省抛秧技术应用面积接近1330千公顷,约占全省水稻面积的40%。近几年,水稻少免耕抛秧技术和无盘旱育抛秧技术得到长足发展。湖北省大田冬季以油菜和冬闲田为主,现在油菜种植占57.3%,冬闲田占38.5%,大麦、蔬菜和绿肥种植极少(表3-2)。

四、长江下游稻区水稻种植制度

　　长江下游双季稻区主要包括浙江、安徽等省。浙江省 20 世纪 90 年代初,以连作稻为主,随着农业种植结构的调整,双季改单季逐年增多,1993 年单季稻种植面积占水稻种植面积的 14.0％,至 2004 年占到水稻种植面积的 65.9％。连作稻面积逐年下降。现在浙江省水稻种植以单季稻为主,双季早稻、晚稻为辅的局面。浙江省金衢、宁绍、温台等双季稻区从 20 世纪 70 年代以来,冬闲田面积逐年上升,而绿肥面积正逐年减少(图 3-3)。

安徽省双季稻区 ≥10℃ 积温 5 000℃,积温不足 5 000℃ 的淮南丘岗地带划为单、双季稻过渡区,种植制度基本上是以麦稻、油(菜)稻一年两熟为主。冬闲田在 20 世纪 50 年代、60 年代、90 年代及现在都占到 80％以上;70 年代和 80 年代冬闲田只占 10％,大、小麦和绿肥发展很快,面积占到 65％以上(表 3-3)。

表 3-3　安徽不同冬季作物比例　(％)

年　代	冬　闲	油　菜	大、小麦	绿　肥
20 世纪 50	100	—	—	—
60	90	10	—	—
70	10	5	40	45
80	10	25	30	35
90	80	10	5	5
现　在	95		2	3

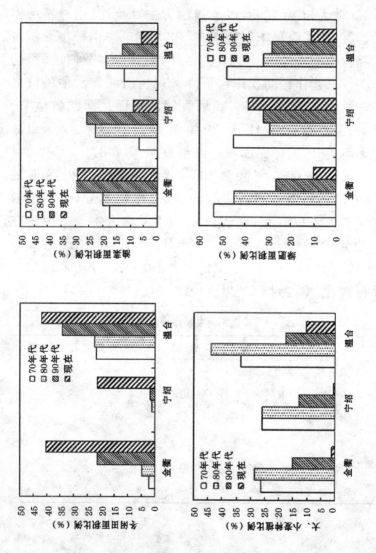

图 3-3　浙江省不同年代不同种植区冬季作物比例

第四章　双季稻品种及其搭配

　　双季稻的种植方式多样,筛选和培育适合于各种种植方式的品种类型有利于水稻产量的增加。不同双季稻区生态环境差异大,各稻区适宜早、晚稻品种及其搭配不同。现作具体介绍。

一、早稻品种

　　长江下游稻区早稻类型主要为籼稻常规稻。早稻育秧期间易受低温冷害,常出现烂芽烂秧。抽穗结实期间易受高温危害,因结实率和千粒重降低而减产。早稻前茬有冬闲田、绿肥(紫云英)和油菜,特别是油菜茬收获晚,早播迟栽秧龄过长会在秧田里开始幼穗分化,栽后会很快抽穗,导致穗数少,每穗粒数少,减产幅度大。如果推迟播种,成熟期将推迟,又导致双晚迟栽,后期易遭受"寒露风"的危害。不少地方早稻生产仍沿用高播种量(100 千克/667 米² 以上),高基本苗(每穴栽 10 多本),施肥"一头轰",保持水层不断水的老办法,致使早稻产量难以进一步提高。但早稻生产期间虫害发生较轻,随着早稻优质米品种的不断推向生产,有利于优质无公害稻米生产的发展。

　　生产上常用全生育期 100 天左右的早稻品种,生育期短,感温性强,秧龄弹性小,产量不高,一般产量 367 千克/667 米² 左右。

安徽大面积应用的品种为 K167、中组 3 号、嘉兴 8 号、早珍珠、嘉早 312、中辐 955、竹青、早籼 65、早珍珠、中组 4 号；其中品质优良的品种为 K167、中组 3 号、嘉兴 8 号、早珍珠、嘉早 312。

浙江选择生育期适中偏长、穗型较大、耐肥抗倒伏的品种中早 22、中嘉早 17、中嘉早 32、嘉育 253、嘉育 143、嘉育 280、金早 47、天禾 1 号；其中,中早 22、中嘉早 17、中嘉早 32、嘉育 253、嘉育 143、嘉育 280 品质更优。

长江中游稻区的江西以籼稻杂交稻为主。选择高产、优质、耐肥、矮秆、抗倒伏、根系发达、株形紧凑、抗逆性强、熟期适宜的品种或组合。双季早稻由于受播种时气温低和成熟迟对后作有影响的限制,大面积种植的品种有金优 463、金优 402、金优 458、淦鑫 203。生产上在用的早稻常规稻品种有中选 181、嘉育 948、中早 23、中早 25、皖稻 143,杂交稻组合有中优 25、株两优 02、株两优 100、株两优 819、株两优 30、两优 42、两优 287、金优 402、金优 463、金优 458、淦鑫 203、陆两优 996、优 Ⅰ 458。湖南省以籼稻常规和籼稻杂交稻湘早籼 31 号、湘早籼 24 号、金优 974、株两优 02、金优 402 为主要品种。在湖南北部的洞庭湖环湖平原丘陵地区,湖北江汉平原和鄂东南低山丘陵地区,适宜选择早熟或中熟品种;在湖南中部和南部的低山丘陵地区,适宜选择中熟品种,在湖南省中部和南部的低山丘陵地区,适宜选择早稻中熟品种。针对湖北水稻生长期的气候特点,早稻大面积种植的品种为鄂早 18、嘉育 948、金优 402(表 4-1)。

表 4-1　长江流域各省早稻品种

省　份	籼粳	类型	早稻优质品种
安　徽	籼　稻	常规稻	K167、中组 3 号、嘉兴 8 号、早珍珠、嘉早 312
浙　江	籼　稻	常规稻	中早 22、中嘉早 17、中嘉早 32、嘉育 253、嘉育 143、嘉育 280
江　西	籼　稻	杂交稻	金优 463、金优 402、金优 458、淦鑫 203、陆两优 996、优Ⅰ458、两优 287
湖　南	籼　稻	常规稻	湘早籼 31 号、湘早籼 24 号
	籼　稻	杂交稻	金优 974、株两优 02、金优 402
湖　北	籼　稻	常规稻	鄂早 18、嘉育 948、金优 402

　　华南稻区的广东 2003—2008 年全省通过审定的水稻新品种 215 个,平均每年通过审定的水稻新品种 36 个。尽管品种多,但真正大面积推广超过 13 千公顷的品种较少,超过 67 千公顷的品种更少,主导品种不突出,难以配套相应的栽培技术,影响水稻单产的提高。新通过审定的品种除米质有所改善外,抗性和产量都没有大的突破,由于新品种过多且层出不穷,农民难以从中选择适合当地种植的品种。目前,广东省种植面积较大的为籼稻,早稻常规稻品种为粤晶丝苗 2 号、齐粒丝苗、桂农占、银晶软占、玉香油占、粤香占、黄华占、野丝占、籼小占等;杂交稻为天优 998、天优 122、丰优丝苗、汕优 998、天优 368、培杂泰丰、华优 86、特优 721、特优 524 等。

广西壮族自治区桂南稻作区早稻一般以中迟熟品种为主,生育期 125～130 天,如特优 63、特优 838、特优 253、特优 649、特优 1012、Ⅱ优 084、Y两优 1 号、特优航一号、准两优 527、天优 998、D 优 527、金优 527、中优 838、中优 679、中优 781、七桂占、八桂香、桂华占、油粘八号等;桂中稻作区双季稻安全生育期 210～220 天,寒露风天气出现在 10 月上旬;早稻一般以早中熟品种为主,生育期 113～122 天,如金优 463、金优 207、金优 191、金优 974、金优 315、金优 2155、金优 38、金优 299、丰优 299 等;桂北稻作区双季稻安全生育期 180～200 天,寒露风天气在 9 月下旬出现。早稻一般以早熟品种为主,生育期 110 天左右,如金优 463、岳优 9113、金优 191、金优 974、金优 207、金优 315、金优 2155、金优 38 等。

福建省根据温、光资源利用最大化原则,可种植生育期相对较长的优质常规早稻品种佳辐占,佳辐占是厦门大学选育的常规早稻品种,具有产量高、抗稻瘟病能力强,米质优的特点,其早季稻米经农业部稻米及制品质量监督检验测试中心分析:糙米率 82.6%,精米率 74.5%,整精米率 51.8%,粒长 7.4 毫米,长/宽 3.9,垩白率 2%,垩白度 0.1%,透明度 1 级,碱消值 7.0,胶稠度 82 毫米,直链淀粉含量 13.6%,蛋白质含量 10.0%。10 项指标符合部颁优质米一级标准,直链淀粉含量达二级标准。漳州市、泉州市可选用优质早稻品种漳佳占,泉珍 10 号以及中迟熟品种特优 63、特优 175。龙岩市、南平市的早稻品种可选用产量综合性状好、抗稻瘟病能力中等、米质口

感较好的杂交早稻品种 T78 优 2155、金优 2155、金优明
100,莆田市、福州市的沿海地区,早稻品种为抗倒性好、
耐高温的汕优 82、汕优 016。宁德的早稻品种生育期较
短,可选用金优 07、T78 优 07、株两优系列品种。目前,海
南省生产上种植的水稻组合主要是Ⅱ优 128、博Ⅱ优 15
等老组合,海南省早稻为感温品种,如特优 128、Ⅱ优 128
等(表 4-2)。

表 4-2　华南稻区各省、自治区早稻品种

省　份	籼粳	类　型	早稻优质品种
广　东	籼　稻	常规稻	粤晶丝苗 2 号、齐粒丝苗、桂农占、银晶软占、玉香油占、粤香占、黄华占、野丝占、籼小占
	籼　稻	杂交稻	天优 998、天优 122、丰优丝苗、汕优 998、天优 368、培杂泰丰、华优 86、特优 721、特优 524
广　西	籼　稻	常规稻	七桂占、八桂香、桂华占、油粘八号、农乐 1 号
	籼　稻	杂交稻	特优 63、特优 838、特优 253、特优 649、特优 1012、Ⅱ优 084、Y 两优 1 号、特优航一号、淮两优 527
福　建	籼　稻	常规稻	佳辐占、泉珍 10 号、东南 201、漳佳占
	籼　稻	杂交稻	金优明 100、T 优 7889、金优 2155、汕优 016、宜优 673、T 优 898、特优 175
海　南	籼　稻	杂交稻	特优 128、Ⅱ优 128、博Ⅱ优 15、广优 4 号

二、晚稻品种

长江下游晚稻有晚籼和晚粳两种品种类型。安徽省双季晚籼主要分布在安庆市和巢湖市的南部及长江以南部分地区。安徽主要优质的双季晚籼品种有新香优207、丰源优272、丰源优299、皖稻127号（协优978）、皖稻129号（培两优98）、皖稻131号（协优92）等。由于受前茬早稻让茬早迟的限制和安全齐穗期的制约，双季晚籼生长期限短，播种至始穗历期80天左右，品种（组合）的全生育期110～120天。根据历年气温情况，晚籼的安全齐穗期为9月10～15日。双季晚粳安徽省主要分布在江淮南部的舒城、庐江、桐城、枞阳等安徽双季稻最北缘地区，当前主栽品种有武运粳7号、安选晚1号、晚粳97、晚粳9707、晚粳M002、广粳102等。杂交晚粳有70优9号、70优04、70优双9、皖粳杂1号等。浙江省双季晚籼主要分布在衢州、金华、丽水，种植的品种以杂交籼稻为主，如中浙优1号、新两优6号，甬优9号等；浙江的晚粳主要分布在杭嘉湖地区，主要种植的优质品种为绍糯9714、甬粳18、秀水09、嘉花1号（表4-3）。

长江中游双季晚稻有籼稻杂交稻、籼稻常规稻和粳稻杂交稻。江西选择高产、优质、耐肥、矮秆、抗倒伏、根系发达、株形紧凑、抗逆性强、熟期适宜的品种或组合。双季晚稻以确保在安全抽穗期之前能够抽穗为标准，根据前作收获期确定品种，如先农10号、先农20号、隆平001、神农大丰稻101、中优207、新香优80等。适宜免耕

抛秧的晚稻可选用岳优 9113、淦鑫 688、先农 16 号、天优
998、金优 207、先农 20 号、丰源优 299、隆平 207、五丰优
T025 等。

湖南省双季晚稻籼稻常规稻以湘晚系列为主,如湘
晚籼 13 号、湘晚籼 11 号、湘晚籼 12 号,大面积种植的籼
稻杂交稻为金优 207、岳优 9113、威优 46、T 优 207。湖北
省双季晚稻大面积种植的籼稻常规稻为鄂晚 17、金优
928,粳稻杂交稻为鄂粳杂 1 号(表 4-3)。

表 4-3　长江流域稻区各省晚稻品种

省　份	籼粳	类　型	晚稻优质品种
安徽	粳稻	常规稻	武运粳 7 号、宁粳 2 号、皖稻 68、晚粳 22、安选晚 1 号
	粳稻	杂交稻	70 优 9 号、70 优 04、70 优双 9、皖粳杂 1 号
	籼稻	杂交稻	新香优 207、丰源优 272、丰源优 299、皖稻 127 号、皖稻 129 号、皖稻 131 号
浙江	粳稻	常规稻	绍糯 9714、甬粳 18、秀水 09、嘉花 1 号
	籼稻	杂交稻	中浙优 1 号、新两优 6 号、冈优 827、岳优 9113、甬优 9 号、中浙优 8 号、天优华占、甬优 6 号
江西	籼稻	杂交稻	岳优 9113、淦鑫 688、先农 16 号、天优 998、金优 207、先农 20 号、丰源优 299、隆平 207、五丰优 T025
湖南	籼稻	常规稻	湘晚籼 13 号、湘晚籼 11 号、湘晚籼 12 号
	籼稻	杂交稻	金优 207、岳优 9113
湖北	籼稻	常规稻	鄂晚 17、金优 928
	粳稻	杂交稻	鄂粳杂 1 号

华南双季晚稻都是籼稻。福建省双季晚稻的品种，20世纪50年代以矮脚白米仔（中熟）、鸭仔矮（迟熟）、矮脚塘竹（迟熟）为主。70年代中期以闽优一号、威优红田谷、威优30、汕优30、闽优3号、威优2号、四优2号、四优3号、汕优2号、汕优63、威优63、威优将恢、汕优将恢为主。21世纪初较大规模地推广Ⅱ优明86、Ⅱ优航1号、Ⅱ优航2号等可以作晚稻栽培的品种。近几年经试验、示范，生产上晚稻推广广优明118、甬优6号和Ⅱ优131、宜优673、宜优99、宜优2292等杂交稻品种。广西桂南稻作区晚稻以迟熟感光品种为主，生育期120天左右，如博优903、博优253、博优273、博优258、秋优1025、秋优桂99、美优998、博优998等，近两年引种了一些感温型超级稻品种如中浙优1号、天优998、一丰8号、淦鑫688、Ⅱ优086、Ⅱ优084、Q优6号、准两优527、Y两优1号等。桂中稻作区晚稻以中熟品种为主，生育期113天左右，有中优838、中优781、中优315、中优679、金优527等。桂北稻作区晚稻以早、中熟品种为主，生育期110天左右，如金优463、金优117、金优191、金优402等。海南省水稻生产为小农户生产模式，生产上种植的水稻组合主要是Ⅱ优128、博Ⅱ优15等老组合，有些地方还种植当地的常规品种，这些品种（组合）已种植多年，存在米质差、产量下降、抗性退化严重等缺点，已不适应市场要求。广东晚稻目前大面积种植的常规稻为早晚兼用的品种如粤晶丝苗2号、齐粒丝苗、桂农占、玉香油占、黄华占、野丝占、特籼占25等，杂交稻则分为感温和感光两种类型，感温组合主要为天优998、丰优丝苗、天优368等。感光组合主要有博优998、秋优998、秋优1025、博Ⅱ优15、Ⅱ优3550、万金优133等(表4-4)。

表4-4 华南稻区各省、自治区晚稻品种

省 份	籼粳	类 型	晚稻优质品种
福 建	籼 稻	杂交稻	Ⅱ优航2号、甬优6号、宜优673、宜优99、宜优2292
广 西	籼 稻	杂交稻	博优903、博优253、博优273、秋优1025、秋优桂99、美优998、博优998、中优838、中优781、金优463、金优117
	籼 稻	常规稻	桂华占、油粘八号、农乐1号
海 南	籼 稻	杂交稻	Ⅱ优128、特优128、博优903、博Ⅱ优15
广 东	籼 稻	常规稻	粤晶丝苗2号、齐粒丝苗、桂农占、玉香油占、黄华占、野丝占、特籼占25
	籼 稻	杂交稻	天优998、博优998、秋优998、天丰优3550、秋优1025、博Ⅱ优15、Ⅱ优3550、万金优133、丰优丝苗、天优368

三、双季稻品种搭配

各稻区双季稻品种不同种植方式早、晚稻搭配主要如表4-5、表4-6。选用兼具高产、优质、多抗和早熟性好的双季稻新品种,前期早发性好,中期分蘖成穗率高和有效穗数多;后期光合效率高和灌浆速率快的高产优质品种,以提高单产,发挥品种的增产优势。但品种选择要考虑产量、优质、抗病虫性,生育期的长短是双季稻生产选择品种搭配的重要指标。根据早稻品种的成熟期,选择适宜生育期的早、晚稻品种;双季早稻由于受播种时气温低和成熟迟对后作有影响的限制,一般要求采用早、中熟品种,双季晚稻应以确保在安全抽穗期之前能够抽穗为标准,根据前作收获期确定品种,可选用早熟晚杂组合,以及中迟熟早稻品种翻秋。根据不同地区气候生态特征,早稻选择早熟品种,搭配晚稻中熟品种,或者早稻选择中熟品种,晚稻搭配早熟品种;在低山丘陵地区,早稻选择中熟品种,搭配晚稻迟熟品种,或者早稻迟熟品种,晚稻搭配中熟品种。

选择适宜的早、晚稻品种要与种植方式相连,完善和创新以抛栽、直播、机插、免耕等为主导的轻简化水稻生产技术体系。从育秧技术、施肥技术、灌溉技术及种子包衣剂、壮秧剂、叶面肥等物化技术产品,形成与双季稻轻简生产技术标准配套的品种。直播稻品种应具有早发、抗倒伏、多穗和后期叶片直立的特点,抛秧品种要选择根系发达、分蘖力强、茎秆粗壮、抗逆性强、生育期适中的中早熟高产优质双季水稻品种(组合),常规粳稻、杂交籼稻、杂交粳稻均可机插,但由于机插秧秧龄弹性小,对生育期稍长的粳稻以及需高温才能正常抽穗灌浆的杂交籼稻需提前育秧。

表 4-5 长江流域稻区各省早、晚稻品种搭配

省 份	种植方式	早稻主要品种	晚稻主要品种
安 徽	抛 秧	中组 1 号、嘉育 143、嘉育 948、湘早籼 7 号、早籼 213、早珍珠、竹青、嘉兴 8 号	皖稻 177、金优 207、武运粳 7 号、安选晚、丰源优 299、武运粳 7 号、皖稻 68、宁粳 2 号
	手 插	中组 1 号、早珍珠、嘉育 948、嘉育 143、早籼 18、湘早籼 7 号、金优 974、株两优 819、ZK 167、中组 3 号	皖稻 177、金优 207、丰源优 299、武运粳 7 号、晚粳 22、晚粳 97、太湖糯
	直 播	早珍珠、竹青	
浙 江	机 插	金早 47、中嘉早 17、嘉育 253、中嘉早 32	Ⅱ优 92、秀水 110、绍糯 9714、岳优 9113、Ⅱ优 8220、Ⅱ优 6323、嘉花 1 号、天优华占、甬优 6 号
	抛 秧	金早 47、中嘉早 32、嘉育 143、嘉育 253	Ⅱ优 92、秀水 110、绍糯 9714、嘉花 1 号、甬粳 18
	手 插	金早 47、中嘉早 32、中嘉早 17、嘉育 253、中早 22	中浙优 1 号、新两优 6 号、冈优 827、Ⅱ优 92、秀水 110、绍糯 9714、岳优 9113、Ⅱ优 8220、Ⅱ优 6323、甬粳 18、天优华占、丰优 191、天优 998、甬优 6 号、甬优 9 号、丰两优香 1 号
	直 播	金早 47、中嘉早 32、嘉育 280、嘉育 143、嘉育 253	秀水 110、绍糯 9714

续表 4-5

省 份	种植方式	早稻主要品种	晚稻主要品种
江 西	机 插	先农 3 号、先农 37 号、金优 463、金优 458、金优 974、金优 71、淦鑫 203、优 I 402、株两优 02、陆两优 996、新丰优 22、两优 287	五丰优 308、天优 998、岳优 9113、金优 207、五丰优 T025、丰源优 299、隆平 207、协优 432
	抛 秧	陆两优 996、两优 287、株两优 02、淦鑫 203、先农 3 号、先农 37 号、金优 463、金优 974、淦鑫 206、金优 402、优 I 402、金优 458、新丰优 22、优 I 458	五丰优 308、五丰优 T025、中九优 288、中优 218、中 9 优 801、中浙优 1 号、中浙优 2 号、蓉优 5 号、淦鑫 688、岳优 9113、天优 998、先农 16 号、先农 20 号、金优 207、丰源优 299、隆平 207、T 优 180、新优赣 22
	手 插	先农 3 号、先农 37 号、金优 458、金优 213、金优 974、金优 402、金优 463、株两优 02、株两优 211、陆两优 996、陆两优 28、优 I 458、株两优 02、优 I 402、淦鑫 206、淦鑫 203、新丰优 22、蓉优 3 号、两优 287	五丰优 308、五丰优 T025、中优 218、中九优 288、先农 20 号、蓉优 5 号、天优 998、淦鑫 688、先农 16 号、汕优 998、鹰优晚 1 号、新优赣 22、岳优 360、岳优 9113、金优 207、赣晚籼 30 号、黄华粘、博优 752、博优 141、丰源优 299、隆平 207
	直 播	陆两优 996、中早 33、嘉育 948、两优 287、株两优 02、皖稻 143	协优 432

续表 4-5

省　份	种植方式	早稻主要品种	晚稻主要品种
湖　南	抛　秧	湘早籼 6 号、湘早籼 24 号、株两优 819、湘早籼 31 号、株两优 02、陆两优 996、金优 974	金优 207、岳优 9113、丰源优 299、天优华占
	直　播	湘早籼 45 号、湘早籼 6 号、湘早籼 24 号、中嘉早 32、中组 1 号	株两优 02、金优 402、金优 299、金优 974
	机　插	创丰 1 号、株两优 02	湘晚籼 12 号、T 优 207
	手　插	金优 974、湘早籼 31 号、株两优 819、陆两优 996、中组 1 号、株两优 02	T 优 207、T 优 272、湘晚籼 13 号、湘晚籼 12 号、威优 46

表 4-6　华南稻区各省、自治区早、晚稻品种搭配

省　份	种植方式	早稻主要品种	晚稻主要品种
福　建	机　插	佳辐占、汕优 016、新香优 80、威优 89、优 166、金优 07、特优航 1 号、培杂茂 3、汕优 82、T78 优 2155、金优明 100、金优 2155	佳辐占、T 优 7889、特优航 1 号、Ⅱ优航 1 号、Ⅱ优 131、两优培九、甬优 6 号、特优 175、宜香 2292、宜优 99、汕优 10、特优 158、汕优 82
	抛　秧	汕优 016、新香优 80、威优 89、优 166、佳辐占、金优 07、特优航 1 号、特优多系 1 号、汕优 82、金优 2155、金优明 100、T78 优 2155	特优 627、昌优 964、佳辐占、特优航 1 号、博优 253、博优 963、特优多系 1 号、Ⅱ优 131、两优培九、Ⅱ优 936、特优 175、宜优 99、宜优 673

续表 4-6

省　份	种植方式	早稻主要品种	晚稻主要品种
	手　插	D奇宝优527、宜优673、佳辐占、佳和早占、闽岩糯、金优07、新香优80、特优航1号、特优175、天优3301、泉珍10号、油优82、金优明100、金优2155、金优601、T78优2155	Ⅱ优航2号、冈优825、特优63、两优2186、宜香673、汕优63、佳辐占、特优航1号、特优175、天优3301、Ⅱ优131、两优培九、特优175、Ⅱ优辐819、Ⅱ优125、Ⅱ优航1号、宜优99、特优627
	直　播	T优7889、油优89、佳辐占	佳辐占
广　西	抛　秧	金优402、威优160、中优1号、株两优819、特优63、Y两优1号、特优175、特优838、特优649、天丰优998、金优207、油粘八号、八桂香	岳优9113、丰优299、金优299、Y两优1号、博优903、博优253、博优273、博优258、秋优1025、秋优桂99、美优998、油粘八号、玉晚占
海　南	机　插	特优128、天优2168	博Ⅱ优15、特籼占25
	抛　秧	特优128、科13、T优551、Ⅱ优128	博Ⅱ优15、博优225、Ⅱ优629、特籼占25
	手　插	Ⅱ优128、广优18	博Ⅱ优15、博优225、Ⅱ优128
	直　播	特籼占25	博Ⅱ优15、特籼占25
广　东	抛秧、手插	培杂泰丰、粤晶丝苗2号、桂农占、丰美占、玉香油占、齐粒丝苗、黄华占、籼小占、天优998、天优122、天优368、华优86、特优721、特优524、	粤晶丝苗2号、桂农占、丰美占、玉香油占、齐粒丝苗、天优998、丰优丝苗、天优368、万金优133、秋优1025、秋优3008、天丰优3550、博优998、秋优998、Ⅱ优3550、博Ⅱ优15

第五章 我国双季稻种植方式

　　我国水稻生产具有悠久的历史,水稻种植方式随社会经济发展和科技进步不断演变。随着我国社会经济的发展,农业结构调整,及农村劳动力转移和老龄化,我国现有以手工插秧为主的传统水稻种植技术已经不能适应社会经济发展对稻作技术的要求。水稻种植方式与社会经济发展水平相适应,国外欧美、澳大利亚主要产稻国从手工插秧发展为高效作业的机直播,日本和韩国等从手工插秧发展为机插秧。

一、水稻不同种植方式

(一)水稻抛秧栽培

　　20 世纪 60—70 年代,日本和我国的科技人员研究了小苗抛秧、纸筒抛秧方法。塑料钵盘育秧技术的成功,使抛秧技术的推广成为可能,70 年代中期,日本的塑料钵盘育秧抛秧技术已有一定的面积。由于日本解决了水稻机插秧技术的带土机插技术,使日本的水稻机插秧技术大面积推广,抛秧栽培方法也随之被淘汰。

　　我国早在 20 世纪 60 年代也曾进行过非钵体的水稻常规育秧抛栽试验。当时主要有两种形式:一种是在水稻小苗带土移栽基础上形成的带土小苗人工掰块抛秧。

1969 年浙江省嘉兴市农业科学研究所开展小苗带土抛秧试验,1970 年在浙江省的部分地区试验示范。同时,江苏、黑龙江等省也进行过类似的试验。另一种是长江流域的部分地区在开展两段育秧过程中,为了节省小苗分株寄秧的用工,将小苗秧拔起后,抛栽于大田。这些抛秧方式,在当时由于除草不方便、掰秧块费工等问题,未能大面积推广(黄年生,2006)。

我国在 20 世纪 80 年代吸收了日本抛秧技术的经验,研发了适应我国水稻生产实际的以塑盘抛秧为主的抛秧技术(陈健,2003;李文茂,1988)。至 20 世纪 90 年代借鉴旱育秧的经验,旱育抛秧也得到发展。在水稻机插秧技术没有成熟的情况下,水稻抛秧面积有较大的发展,2007年抛秧面积占 24%(图 5-1),13 个省(自治区)抛秧面积在 6.67 万公顷以上。我国水稻抛秧在华南双季稻区和长江中下游双季稻区面积较大,分别占该区面积的 63%

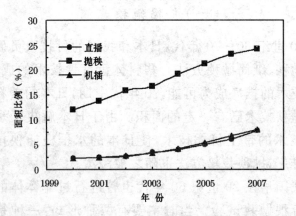

图 5-1　水稻省工节本生产技术面积比例

和 43%。

　　水稻抛秧技术从日本引入以后，已逐步发展成为我国水稻简化栽培的主要技术之一。目前，我国水稻旱育抛秧技术主要有 3 种方式：一是塑盘旱育抛秧。具有带土抛植、易抛秧、易立苗的优点，但其适宜秧龄短，培育壮秧难，育苗成本高。二是肥床旱育抛秧。具有秧龄弹性大、利于高产的优点，但其秧苗根部带土量少，抛植困难，不易立苗。三是无盘旱育抛秧。综合了塑盘旱育和肥床旱育抛秧的优点，采用"无盘抛秧剂"包衣，在秧苗根部形成"吸湿泥球"，利于抛植立苗，易培育壮秧，不受秧龄限制，利于高产，具有广阔的应用前景（黄年生，2006）。

　　水稻抛秧作业效率高，操作简单，在手工移栽劳动力紧张的地区，确保了水稻基本苗的稳定。但抛秧对整田的要求较高，其均匀度直接关系到产量的高低，由于其无序分布限制了产量的稳定和提高。所以抛秧技术的进一步推广应用有待于技术的进一步发展与完善。

（二）水稻直播

　　水稻直播是一种原始的水稻种植方式，从直播到育苗移栽技术是某一时期水稻生产技术的进步。直播稻不需育秧和插秧过程，作业简化，省工节本。我国改革开放后，社会经济发展，农村劳动力转移和老龄化，水稻生产需要节本省工、劳动强度低的直播技术。水稻品种的改良，适应直播栽培的品种的选育，直播除草剂的应用及栽培技术进步为直播创造了条件。

　　20 世纪 80 年代以来，我国直播稻面积有所扩大，进入 21 世纪,免耕直播的面积增加,主要为冬闲田、油菜田、麦田及菜用大豆等前作的水稻免耕直播。为解决季节矛盾,油菜田、麦田及菜用大豆等前作的水稻套直播技术也有一定面积。直播主要应用在单季粳稻上。直播品种类型以常规稻多,杂交稻少。主要由于杂交稻以籼稻为主,倒伏风险较常规粳稻大,且种子成本高。2007 年全国直播稻面积占 8％左右(见图 5-1),其面积主要分布在长江中下游稻区,以单季稻直播为多,其面积占该区面积14％,其次是连作早稻。

由于直播稻不需要育秧、拔秧和插秧,省去了这个环节的用工、用本。旱直播稻与种麦子一样,在 3 叶前一直旱长,不需要用水,又省去了泡垡和整田的用工、用本,所以从直观上看,直播稻直接用本比其他种植形式要省,农民容易接受,所以发展很快(赵挺俊,2008)。但直播稻基本苗难控制,播种量过大,造成基本苗过多,导致分蘖穗率低,穗型小。播种量过小,造成基本苗不足,使分蘖期延长,且我国直播稻以传统的手工撒直播为主,存在成苗差、草害严重、易倒伏、后期早衰等问题,导致直播稻产量不稳定,容易倒伏,易形成草荒,限制了直播技术推广应用(朱德峰,2007)。

(三)水稻机插秧

1967 年我国自行研制的第一台东风 25 型自走式水稻机动插秧机鉴定投产,使我国成为世界上首批拥有机动插秧机的国家。随着国家对农机投入的加大,水稻种植机械化有了较大发展,至 1976 年,水稻机械化插秧种植面积占水稻种植面积的 1.1％(宋建农,2000)。

20 世纪 70 年代末,我国从日本引进盘育小苗带土机插秧技术,解决了育秧与机插秧的配套问题,使水稻种植机械化作业水平有了很大提高。20 世纪 80 年代,实行家庭联产承包责任制,农户种植地块小且分散,政府和稻农的经济实力有限,这些因素限制了水稻机插秧的发展,使得水稻机械插秧水平降到了最低点,全国机插面积仅占水稻面积的 0.5％。20 世纪 90 年代以后,特别是近年来,随着农村经济的迅速发展,农村劳动力转移,农民对插秧技术需求迫切。政府采用多种补贴政策,推进机插秧发展。至 1995 年,全国水稻机械种植面积占水稻面积 2.3％,至 2007 年占 8％(图 5-1)。

黑龙江省目前正处于机插秧种稻面积迅速发展时期,机插秧面积已经占全省水稻总面积的 40％以上。但各地发展不平衡,东部三江平原地区户均经营规模较大,应用面积较多,已经达到 60％左右,其中,国有农场已经达到 80％左右。西部松嫩平原生产规模较小,田块也较分散,机插秧面积较少,很多县(市)才刚刚起步。这类地区应注意促进土地有效整合,向适应机械插秧的规模化方向发展(矫江,2008)。

我国水稻机插秧面积较大的稻区主要在东北和长江中下游单季稻区,分别占该地水稻面积的 22％和 13％。

(四)再生稻

再生稻是利用一定的栽培技术使头季稻收割后稻桩上的休眠芽萌发生长成穗而收割的一季水稻。我国利用再生稻在世界上最早。开始是作为灾后的一种救灾措施,或者自然生长成熟而多收的稻谷。随着对再生稻的深入认识和生产发展,栽培面积逐步扩大,研究范围也不断拓宽,逐步形成一种耕作制度。新中国成立后,农业科研人员一方面广泛收集稻种资源并对稻种进行提纯复壮,一方面改进稻作技术,促进了再生稻的利用。全国从南到北,品种上从籼稻到粳稻都有蓄留再生稻报道。全国各地利用不同的品种创造高产的典型,对高产典型的经验进行总结,但仍表现出对再生稻研究较少,大面积生产上单产较低,种植较粗放且分散。

20 世纪 60 年代初,水稻绿色革命成功后,矮秆水稻的育成并取代了高秆水稻,水稻单产提高了 25%～30%,再生稻利用再度活跃。农业科研单位开始用多个品种进行再生力比较试验,有的深入到再生稻潜伏芽发育的营养生理,有的研究涉及再生稻的可行性和潜伏芽生长规律,有的研究了头季稻不同密度和糖氮水平与再生力的关系等;但生产上仍以创高产为主,如 1975 年广东省佛山地区利用 IR 24 蓄留再生稻,每公顷产稻谷 8 730 千克,1986 年浙江省试验 32.46 公顷再生稻,每公顷产稻谷 9 105 千克。此期对再生稻的研究和利用有了较大进步,单产也有了一定提高。

杂交水稻研究成功与利用,不仅推动了水稻生产的发展,而且推动了再生稻的研究与利用。再生稻的生理涉及不同节位休眠芽养分来源,不同节位叶片光合速率,不同节位叶片光合物质分配等营养物质,根系活力等与再生力的关系。再生稻的生态涉及土壤水分,头季稻后期高温伏旱,再生稻抽穗开花期低温等与再生力、再生稻结实率的关系,并提出了四川、云南、贵州、福建、湖北和安徽再生稻适宜区域。再生稻的品种涉及再生力的遗传、休眠芽穗分化特点、生育期、穗粒结构与再生稻产量的关系。再生稻的栽培技术涉及不同地区根据各地生态条件确定不同留桩高度,明确了休眠芽伸出叶鞘收割头季稻的适宜收割期,促芽肥每公顷施 150～300 千克尿素,发苗肥每公顷施 75～150 千克尿素有利于再生稻高产等。再生稻的化学调控涉及多效唑、赤霉素、喷施宝、核酸制剂、绿旺、绿宝和磷酸二氢钾等对延缓头季稻叶片衰老,促进休眠芽伸长的作用,以及赤霉素提早再生稻抽穗避过低温影响结实的效果等。再生稻的田间管理涉及头季稻收后扶桩除草,遇高温伏旱用田水浇稻桩,病虫防治等。上述研究促进了再生稻研究水平和单产的提高。福建省尤溪县曾 6 次刷新再生稻单产世界纪录,2005 年杂交水稻品种Ⅱ优 1273 创再生稻最高单产 587.6 千克/667 米^2。

随着我国改革开放促进了沿海地区和大城市经济发展,带动了农村劳动力向经济发达区和城市转移,从事农业生产的劳动力数量和质量下降。中稻—再生稻虽然已成为一种耕作制度,但种植面积不大,占水稻种植面积比重小,总体单产水平不高,单产提高的空间较大。从品种看,由于育种家弱化再生力鉴定而缺乏强再生力品种。从技术看,由于受生产条件制约缺乏头季稻后期强根促进再生稻多发苗的技术；再由于再生稻稻穗来自头季稻不同节位因而存在再生稻成熟一致性差的问题；最后受稻谷价格影响，生产上再生稻技术到位率不高，田块间、地区产量不平衡的问题仍然存在。这些问题只有通过深化研究和强化示范力度才能解决并充分发挥这一稻作制度的优越性。

二、双季稻主要种植方式的演变

(一)全国早、晚稻不同种植方式演变

根据对当前主要双季稻种植省份湖南、江西、湖北、浙江、安徽、广东、广西、海南和福建双季稻种植方式的调查，20世纪50—70年代早稻主要种植方式是手工插秧（表5-1）。手工插秧的种植方式是与当时从事水稻生产的劳动力充足、机插秧技术还没形成相适应的。20世纪80年代以来，随着农村改革开放及社会经济的发展，农村劳动力开始向其他行业转移，早稻的种植方式多样化出现。至90年代，手插秧面积比例下降到77%，抛秧和直播面积比例占10%和12%，近几年早稻手插秧面积比例进一步下降，仅占44%，抛秧和直播面积占33%和20%，机插秧面积比例仅为3%，还很低。

全国连作晚稻的种植方式演变基本趋势与早稻相似，20世纪50—70年代基本以手插秧为主，80年代以后，手插秧面积比例下降，抛秧和直播面积比例上升。与连作早稻不同的是，近几年连作晚稻手插秧面积比例还

表 5-1　全国早稻不同种植方式比例　（%）

年　代	手　插	抛　秧	直　播	机　插
50	98	0	2	0
60	98	0	2	0
70	99	0	1	0
80	95	0	4	1
90	77	10	12	1
现　在	45	33	20	3

较大，占 59%，抛秧和直播分别占 30% 和 8%，机插秧面积比例也较低（表 5-2）。连作晚稻直播面积比例较低的主要原因是受到双季稻生育期的限制，晚稻直播在南方很多地区因积温不足，晚稻抽穗期易遇低温影响，导致结实率下降。晚稻的机插秧面积比例也较低，仅占 3%。连作早稻和晚稻机插秧面积不大的主要原因是当前还没有能适应双季稻的机插秧技术，早稻机插秧后存在返青时间长、早发性差、插秧机行距过大、穗数不足等问题，晚稻机插秧缺少生育期适宜的品种，缺乏适合大秧机插的技术。

表 5-2　全国晚稻不同种植方式比例　（%）

年　代	手　插	抛　秧	直　播	机　插
50	99	0	1	0
60	99	0	1	0
70	100	0	0	0
80	95	2	2	1
90	87	7	5	1
现　在	59	30	8	3

（二）各稻区双季稻种植方式演变

我国双季稻主要集中在华南稻区、长江中游稻区和长江下游稻区。20世纪50—70年代,各稻区连作早稻的种植方式主要是手插秧,80年代以来,抛秧、直播和机插秧逐渐发展(表5-3)。研究表明,华南稻区早稻主要是抛秧,近年抛秧面积占41%。长江中游稻区早稻种植方式主要是抛秧和直播,近年抛秧和直播面积分别占33%和25%。长江下游稻区早稻种植方式主要是直播,近年直播面积占40%,抛秧面积约占17%。各稻区机插秧面积比例较低,在1%～5%。

表5-3　各稻区早、晚稻不同种植方式比例　（%）

稻　区	年　代	手　插	抛　秧	直　播	机　插
华　南	50	100	0	0	0
	60	100	0	0	0
	70	100	0	0	0
	80	97	0	3	0
	90	81	12	7	0
	现　在	53	41	5	1
长江下游	50	95	0	5	0
	60	95	0	5	0
	70	100	0	0	0
	80	100	0	0	0
	90	74	11	14	1
	现　在	40	17	40	4

续表 5-3

稻 区	年 代	手 插	抛 秧	直 播	机 插
长江中游	50	98	0	2	0
	60	98	0	2	0
	70	97	0	2	0
	80	91	1	6	2
	90	75	7	15	3
	现 在	37	33	25	5

各稻区晚稻种植方式的演变与早稻类似(表5-4)。20世纪50—70年代,各稻区连作晚稻的种植方式主要是手插秧,80年代以来,抛秧、直播和机插秧逐渐发展。研究表明,近年华南稻区晚稻种植方式主要是手插秧和抛秧,分别占55%和38%,直播面积较低,占6%。长江下游稻区晚稻种植方式主要是手插秧,占57%;其次为抛秧,占28%;直播面积较少,占13%;机插秧面积比例较低,占2%。长江中游稻区晚稻种植方式主要是手插秧和抛秧,分别占水稻面积的65%和23%,直播和机插秧面积较低,分别占7%和5%。晚稻直播面积比例较低的主要原因是受品种生育期的限制。由于受到品种生育期和特性,及机插秧技术不适应大秧机插的要求,晚稻的机插秧面积在各稻区均较低。

表 5-4　各稻区晚稻不同种植方式比例　（％）

稻　区	年　代	手　插	抛　秧	直　播	机　插
华　南	50	100	0	0	0
	60	100	0	0	0
	70	100	0	0	0
	80	94	1	5	0
	90	84	9	7	0
	现　在	55	38	6	1
长江下游	50	95	0	5	0
	60	95	0	5	0
	70	100	0	0	0
	80	95	5	0	0
	90	86	9	5	0
	现　在	57	28	13	2
长江中游	50	100	0	0	0
	60	100	0	0	0
	70	99	0	1	0
	80	95	1	2	2
	90	91	3	4	2
	现　在	65	23	7	5

三、连作早、晚稻主要种植方式及其配套模式

（一）各省双季稻主要种植方式

　　各省连作早、晚稻种植方式因水稻品种生育期、水稻

生长季节温度及劳动力等因素的影响存在较大的差异。广西连作早、晚稻种植方式以抛秧为主,抛秧面积占80%左右;其他为手插秧,占20%左右(图5-2)。广东与广西的种植方式类似。海南连作早、晚稻种植方式以手插秧为主,占50%~55%。其次为抛秧和直播,分别为30%和18%左右。福建连作早、晚稻种植方式主要是手插秧;其次是抛秧,早稻和晚稻抛秧面积分别占25%和5%。华南稻区各省连作稻机插秧面积均很低。

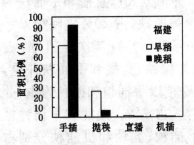

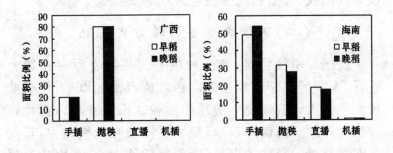

图5-2 华南稻区部分省连作早稻和晚稻种植方式面积比例 (%)

长江流域稻区各省双季稻种植方式受品种生育期和生长季节的限制,早、晚稻间差异较大。江西省早稻种植方式以手插秧和抛秧为主,分别占50%和35%,晚稻以手插秧为主,占80%,抛秧占15%,早、晚稻直播各占8%左右,机插秧面积不到5%(图5-3)。

浙江省早稻种植方式以手插秧和直播为主,分别占50%和30%,抛秧和机插秧分别为13%和6%。晚稻以手插秧和抛秧为主,分别占63%和28%,直播和机插秧分别为5%和3%。安徽省早稻种植方式以直播和手插秧为主,分别占50%和30%;其次是抛秧,占20%。晚稻以手插秧和抛秧为主,分别占50%和30%,其次是直播,占20%。湖南省早稻种植方式为抛秧、直播和手插秧并重,分别占42%、28%和28%。晚稻以手插秧和抛秧为主,分别占48%和45%,其次是直播,占7%。湖北省早稻种植方式以直播为主,占40%;手插秧、抛秧和机插秧分别占28%、17%和12%。晚稻以手插秧为主,占80%;其他种植方式抛秧、直播和机插秧均为6%(图5-3)。

(二)双季稻主要种植方式搭配

我国双季稻区早、晚稻种植方式搭配省际存在较大差异(表5-5)。华南稻区的广西壮族自治区以早、晚稻抛秧面积最大,其次是早、晚稻手插秧。广东省与广西壮族自治区相似。海南省以早、晚稻手插秧和抛秧为主,其次是双季直播。福建省以早、晚稻手插秧为主,其次是早稻抛秧栽培和晚稻手插秧栽培。长江流域稻区的湖南以早、晚稻抛秧为主,其次是早、晚稻手插秧和直播,以及早

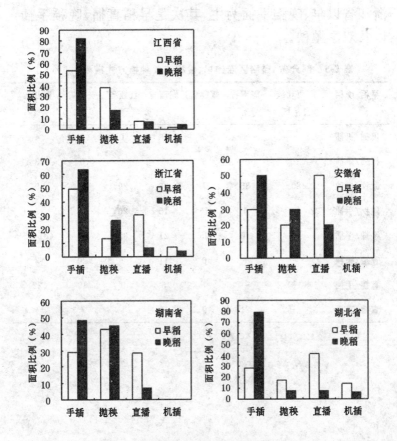

图 5-3　长江流域稻区部分省连作早稻和
晚稻种植方式面积比例　（%）

稻抛秧、晚稻手插和早稻直播、晚稻抛秧方式。江西省主
要种植方式为早、晚稻手插和抛秧，以及早稻抛秧、晚稻
手插。安徽省主要为早、晚稻手插和抛秧，早稻直播、晚
稻抛秧，早稻直播、晚稻手插，以及早稻抛秧、晚稻手插。

浙江省以早、晚稻手插为主,其次是早稻直播、晚稻手插,以及双季抛秧。

表 5-5 部分省、自治区连作早、晚稻主要种植方式搭配 （%）

早稻/晚稻	广西壮族自治区	海南省	福建省	湖南省	江西省	安徽省	浙江省
机插/机插	—	1	0	0	1	0	4
机插/手插	—	—	3	0	4	0	3
抛秧/抛秧	80	35	7	36	29	20	9
抛秧/手插	5	4	16	15	26	15	3
手插/手插	15	40	65	21	32	22	51
直播/抛秧	—	—	0	11	3	20	3
直播/手插	—	—	1	5	5	19	22
直播/直播		21	9	12	1	4	4

第六章 华南稻区双季稻
配套栽培技术

华南双季稻区主要包括广东、广西、福建与海南 4 省、自治区。根据各省生态环境特点和优质高产品种特性,提出相配套的双季稻高产优质生产技术。

一、广东省双季稻配套栽培技术

(一)广东省早稻配套栽培技术

本技术主要适合于广东双季稻的早稻手插秧和抛秧种植方式。适宜的早稻品种主要是天优 998、桂农占、玉香油占等超级稻品种,其他品种可参考使用。目标要求:每 667 米² 产量 550 千克,有效穗数 20 万左右,每穗粒数 140 粒以上,结实率 85% 以上,千粒重 22.0~25.0 克。

1. 育秧与移栽 选用种子纯度和净度都不低于 98%,发芽率不低于 85% 的种子。播种前在温和的阳光下晒种 2 小时左右;常规稻本田用种量每 667 米² 1.5~2 千克,秧田播种量 10~12 千克。杂交稻本田用种量 1~1.2 千克,秧田播种量 7~8 千克。按当地日平均温度 ≥12℃ 的稳定期为播种期,潮汕地区在 2 月下旬,中南部地区在 3 月上旬,偏北地区 3 月中旬初播种较适宜。大田育秧移植以叶龄 6.0~6.5 片叶为宜,塑盘秧在 4.0~

4.5 片叶时抛植。一般每 667 米² 插植或抛植 1.7 万～
1.8 万丛,插植规格为 21.7 厘米×16.7 厘米或 20.0 厘
米×20.0 厘米。

高地力稻田移植丛数可少些,低地力稻田移植丛数
可多些。常规稻每丛插 3～4 本苗,杂交稻带 3 个分蘖以
上的秧苗,每丛插一本苗,带 2 个分蘖以下的秧苗,每丛
插 2 本苗。要求保证插植规格苗数,浅插匀插。采取抛
秧移植的,为保证秧苗分布均匀,每块田可以分两次抛,
即先把本块田应抛秧苗的 60%～70%全面抛 1 次,然后
再用余下的抛到稀疏的地方,补均匀。抛秧后,田中间留
工作行,把工作行里的秧苗补到稀疏的地方。

2. 施肥与灌溉 本田施肥以氮、磷、钾配施为原则,
N、P_2O_5、K_2O 比例 1∶(0.3～0.5)∶(0.8～1)配施。磷
肥 70%作基肥,30%留作中后期施用或全部作基肥施用;
钾肥比例为:前期(包括基肥、返青肥、分蘖肥)施钾量占
全期施钾总量的 50%,中后期穗肥占 50%。具体每 667
米² 施用基肥为湿润腐熟土杂肥 500 千克＋过磷酸钙 30
千克。返青肥:移栽后 3～4 天每 667 米² 施尿素 5 千克。
始蘖肥:移栽后 10～12 天每 667 米² 施尿素 8 千克＋氯
化钾 6 千克。穗肥:幼穗分化 1～2 期每 667 米² 施尿素 5
千克＋氯化钾 7.5 千克。粒肥视禾苗长相巧施(或不施)
壮尾肥,以提高结实率。施肥总量要根据品种需肥性不
同适当增减,对株形好耐肥抗倒的品种,可适当增加施氮
量,对耐肥性较差的品种,要适当减少施氮量。中低地力
田块前期施氮比例大些,中后期施氮比例小些;高地力田

块前期施氮比例相应减少,中后期施氮比例相应增加。

水分管理以泥皮水抛秧或浅水插秧,薄水促分蘖,移植后如遇阴雨天气,可排水以露田为主,以增加土壤氧气,促新根和分蘖。当苗数达到够苗的80%时,开始采取多露轻晒的方式露晒田,以促进根系深扎,提高抗性,防止倒伏,控制无效分蘖的产生,使苗峰控制在35万/667米²左右,成穗率达60%以上,这样就可确保有足够的有效穗数,为高产奠定穗数基础,又能使稻株在幼穗分化前叶色适度转赤,为施分化肥做好准备。幼穗分化初期回浅水,施肥后保持湿润。抽穗扬花灌回浅水,以后保持湿润,收获前5~7天灌跑马水,切忌过早断水,以防止后期高温逼熟和谷粒充实不饱而影响产量。

3. 病虫草害防治

(1)前期 抛秧前统一组织毒杀田鼠和福寿螺,每667米²用密达0.5千克。结合第一次追肥施除草剂,每667米²用丁·苄60~80克或稻无草35克。分蘖盛期施井冈霉素防治纹枯病,每667米²用井冈霉素250克,对水100升喷施,并使用稻虫一次净+病穗灵防治三化螟、稻纵卷叶螟。

(2)中期 每667米²用纹霉清250毫升和蚜虱净10克对水100升喷施防治纹枯病和稻飞虱,并注意防治稻纵卷叶螟、白叶枯和细菌性条斑病等。

(3)后期 破口期、齐穗期均要喷药防治穗颈瘟、纹枯病、三化螟等,抽穗后注意防治稻飞虱,以免造成穿顶,影响产量。杀菌剂,瘟克星60克/667米²,纹霉清250毫升/667 米²。杀虫剂:90%杀虫丹 40～50 克/667 米²,10%吡虫啉 10 克/667 米²,或每次每 667 米² 用乐斯本 40 毫升,对水 60 升喷施。成熟中后期要密切防治"稻曲病",每 667 米² 用瘟格新 60 克或 75%三环唑 30 克,对水 60 升喷施。

本田期可应用频振式诱杀虫灯防治虫害。如虫口密度太大时,可结合农药进行防治。

(二)广东省晚稻配套栽培技术

本技术主要适用于广东省双季稻的晚稻手插秧和抛秧种植方式。适宜的品种主要有天优 998、桂农占、玉香油占和博优 998 等超级稻品种,其他品种可参考使用。目标要求:每 667 米² 产量 600 千克,有效穗数 18 万～22 万,每穗粒数 140 粒以上,结实率 85%以上,千粒重 22.0～25.0 克。

1. 育秧与移栽　感光型品种安排在 7 月上旬播种;翻秋品种,中南部地区在 7 月中旬末,偏北地区在 7 月上旬末播种较适宜。常规稻本田用种量每 667 米² 1.5～2 千克,秧田播种量 10～12 千克。杂交稻本田用种量 1～1.2 千克,秧田播种量 7～8 千克。秧田播种量可根据移植叶龄而相应改变,一般采用中小苗秧移植的播种量可适当增加。采用塑料软盘育秧的,更要严格控制播种量。一般常规稻(千粒重 25 克左右)的每 667 米² 用种量为 2 千克,杂交稻为 1.2 千克。

大田育秧移植以叶龄 5.5～6.0 片叶为宜,塑盘秧在 3.5～4.0 片叶左右时抛植。每 667 米² 插植或抛植

1.8万～2.0万丛,插植规格为21.7厘米×16.7厘米或20.0厘米×16.7厘米,高地力稻田移植丛数可少些,低地力稻田移植丛数可多些。大秧插植苗数,常规稻每丛插3～4本苗,杂交稻带3个分蘖以上的秧苗,每丛插1本苗,带2个分蘖以下的秧苗,每丛插2本苗。要求保证插植规格苗数,浅插匀插。采取抛秧移植的,为保证秧苗分布均匀,每块田可以分两次抛,即先把本块田应抛秧苗的60%～70%全面抛1次,然后再用余下的抛到稀疏的地方,补均匀。抛秧后,田中间留工作行,把工作行里的秧苗补到稀疏的地方。

2. 肥水管理　在地力产量(即不施肥栽培产量)的基础上,按每增产100千克稻谷需施纯氮5(±0.5)千克计算本田期施肥量。采取前期定量,中后期根据叶色变化、禾苗长势、天气状况酌情补肥。不同生育阶段施氮比例为:前期(包括基肥和回青肥、分蘖肥)施氮量占全生育期施氮总量的70%～75%,中期占20%～25%,后期占5%～10%。中低地力田块前期施氮比例大些,中后期施氮比例小些;高地力田块前期施氮比例相应减少,中后期施氮比例相应增加。本田施肥以氮、磷、钾配施为原则,N、P_2O_5、K_2O比例为1:(0.3～0.5):(0.8～1)配施。磷肥70%作基肥,30%留作中后期施用或全部作基肥施用;钾肥比例为:前期(包括基肥、回青肥、分蘖肥)施钾量占全期施钾总量的50%,中后期占50%。

　　水分管理前期以泥皮水抛秧或浅水插秧,移植后以薄水促分蘖。当苗数达到够苗的80%时,开始采取多露轻晒的方式露晒田,促进根系深扎,提高抗性,防止倒伏,控制无效分蘖的产生,将每 667 米² 苗峰控制在 35 万左右,成穗率达 60％以上,这样就可确保有足够的有效穗数,为高产奠定穗数基础,又能使稻株在幼穗分化前叶色适度转赤,为施穗肥做好准备。幼穗分化初期回浅水,施肥后保持湿润。抽穗扬花灌回浅水,以后保持湿润,收获前 5～7 天灌跑马水,切忌过早断水,以防谷粒不充实而影响产量。

3. 主要病虫草害防治

(1)前期　抛秧前统一组织毒杀田鼠和福寿螺,每 667 米² 用密达 0.5 千克。结合第一次追肥施除草剂,每 667 米² 用丁·苄 60～80 克或稻无草 35 克。分蘖盛期施井冈霉素防治纹枯病,每 667 米² 用井冈霉素 250 克,对水 100 升喷施。并使用稻虫一次净＋病穗灵防治三化螟、稻纵卷叶螟。

(2)中期　每 667 米² 用纹霉清 250 毫升和蚜虱净 10 克,对水 100 升,喷施防治纹枯病和稻飞虱,并注意防治稻纵卷叶螟、白叶枯和细菌性条斑病等。

(3)后期　破口期、齐穗期均要喷药防治穗颈瘟、纹枯病、三化螟等,抽穗后注意防治稻飞虱,以免造成穿顶,影响产量。杀菌剂:瘟克星 60 克/667 米²,纹霉清 250 毫升/667 米²。杀虫剂:90％杀虫丹 40～50 克/667 米²;10％吡虫啉 10 克/667 米²,或每 667 米² 用乐斯本 40 毫升,对水 60 升喷施。成熟中后期要密切防治"稻曲病",每 667 米² 用瘟格新 60 克或 75％三环唑 30 克,对水 60

升喷施。

本田期可应用频振式诱杀虫灯防治虫害。如虫口密度太大时,可结合农药进行防治。

二、广西壮族自治区双季稻配套栽培技术

广西双季稻配套栽培技术主要采用水稻抛秧栽培技术、水稻控灌节水栽培技术和水稻免耕抛秧技术。

(一)水稻抛秧栽培技术

水稻抛秧栽培技术是一种轻型、简便水稻移植栽培技术,具有省工、省力、省种、省秧田和田间操作简便等优点。广西壮族自治区从 1992 年引进水稻抛秧栽培技术,10 多年来,该技术在广西壮族自治区发展很快,现在抛秧已占广西壮族自治区水稻栽培面积的 80% 左右。

1. 播种与育秧　育种方式采用塑料钵体软盘育秧,苗床宜选择土壤肥沃且氮、磷、钾平衡、充足的田块,秧盘基质可用肥沃专用床土或沟泥。播种量以 561 孔秧盘为标准,湿润育秧方法,常规稻 40～45 克/盘,杂交稻 30 克/盘。采用旱育秧苗抛栽的育秧同旱育秧,用种量适当减少,常规稻 150 克/米^2,杂交稻 90 克/米^2。要求做好均匀播种,减少空穴率。使用壮秧剂或育秧专用肥培育壮秧。

2. 抛栽　根据品种或组合生育特性安排适宜移栽期,早稻秧龄 20～25 天,晚稻秧龄 15～20 天,叶龄控制在 3.5～4.5 叶。早稻一般每 667 米^2 抛(插)栽 1.8 万～2.2 万丛,晚稻一般抛(插)栽 2.0 万～2.2 万丛。采用乳苗抛

栽的要求本田整细整平,且避开雨天抛秧。一般稻田的整地方法是以水整为主。即在秋耕风干耕土的基础上,春季泡田,插秧前水耙地,沉浆后插(抛)秧。抛秧田要求地面平光,泥浆软烂,使抛进的秧苗能均匀地插入泥浆中。如田面不平整,则高墩处秧根扎不进泥浆中,易倒秧露根,削弱抗根倒能力;低洼处水深,秧根着地阻力大,又易造成漂秧;田面硬板,前茬作物的根茬多,则秧块入土受阻,斜倒露根多,为后期根倒和穗层不齐留下隐患。因此,整地要做到旱耕、水耙、横竖耙糖,将残茬尽量翻入泥中,力争高低相差不超过3厘米。

3. 施肥与灌溉 一般早稻每667米^{2}基肥施用腐熟农家肥1 000～1 500千克(晚季施750～1 000千克,稻草还田)或绿肥1 500千克左右,钙镁磷肥(或过磷酸钙)25千克;面肥碳酸氢铵20～25千克,结合耥田施下。推广测土配方施肥,据各地分析,每季施N 10.0～12.5千克、P_2O_5 5.0～7.5千克、K_2O 7.5～10.0千克。在施肥方法上,基肥要足、追肥要速,前期(含基肥、分蘖肥)施肥量占全期的70%以上,中后期占全期30%左右;有机肥、磷化肥作基肥,钾化肥作分蘖肥和穗肥平均施用,氮化肥采用多次匀施,特别注意施好壮苞肥、壮籽肥,在足穗的同时,攻大穗大粒。第一次追肥早季在插后4～6天或抛秧水稻立苗后(早稻抛后5～7天,晚稻抛后3～5天)进行,结合使用本田除草剂。每667米^{2}施尿素5千克,氯化钾6～8千克。本田除草剂每667米^{2}用18.5%抛秧净或20%抛秧特20～25克。第二次早稻抛(插)后10～12天、晚稻抛(插)后 8~10 天进行第二次追肥,每 667 米^2 施尿素 6~8 千克,争取抛(插)后 18~20 天达到计划要求的 20 万苗,为足穗打下基础。中期看苗施用穗肥。穗肥因施用时期和作用不同,可分为促花肥和保花肥;凡是前期施肥适当、禾苗长势平衡的,一般应以保花增粒为重点,只宜施保花肥,而且施用量不宜过多,一般每 667 米^2 施用尿素 2.5 千克左右。如果前期施肥不足,群体苗数偏少,个体长势较差,那么促花肥与保花肥都可施用,每次每 667 米^2 可施用尿素 5 千克。杂交水稻对钾肥需要量大,在倒三叶露尖至倒二叶出生过程中每 667 米^2 施用氯化钾 6~8 千克。齐穗后若脱肥,则进行叶面追肥。每 667 米^2 用磷酸二氢钾 150 克对水 75 升喷施 1~2 次。

水分管理总的原则是:泥皮水抛秧(插秧),回青期水层 20~30 毫米;分蘖期水层在 20 毫米以内;够苗晒田,即抛(插)后 15~20 天左右,田间分蘖苗达 20 万时开始排水晒田,一直晒至田边有鸡爪裂,田中间不陷脚,复水并保持湿润;孕穗期田间保持湿润;抽穗扬花期早稻保持湿润,晚稻一般保持浅水层 20 毫米以内,如遇寒露风天气,则灌深水层 50~60 毫米;灌浆乳熟期至黄熟期保持田间湿润状态,不能断水过早。

4. 主要病虫草害防治

早稻主要病害有:稻瘟病、纹枯病、稻曲病、矮缩病等;早稻主要害虫有:稻飞虱、三化螟、稻纵卷叶螟、稻蓟马、稻叶蝉;局部地区有大螟和二化螟。晚稻主要病害有:稻瘟病、纹枯病、稻曲病、白叶枯病、细条病、矮缩病;

晚稻主要害虫有：三化螟、稻纵卷叶螟、稻飞虱、稻瘿蚊、黏虫、稻蓟马、稻叶蝉。

秧田期重点防治稻蓟马，秧苗带药下田。大田期重点防治二化螟、稻纵卷叶螟和稻飞虱，在农药的选择上，一般可选用锐劲特、乐斯本、扑虱灵等。杂草的防除以稗草为主的用 60％丁草胺乳油，每 667 米² 75～100 毫升，于水稻定苗后拌湿细土撒施防治。施药后应保持田水 30～50 毫米达 7 天以上。以稗草和莎草混生的，于水稻定苗后用 50％丁草胺乳油 100 毫升，拌细土或化肥，于插秧后 3～5 天撒药，保持 30～50 毫米水层 3～4 天。以阔叶杂草为主的，可用 10％农得时可湿性粉剂 10～15 克，对水 50 升，于水稻定苗后拌细土 20 千克撒施，亦可使用 18％稻益丰或 18％草绝或乐草隆防治，施药时应保持田水 30～50 毫米达 7 天以上；或者选用 10％灭草王可湿性粉剂，每 667 米² 6 克拌细土 20 千克或化肥撒施防治。注意事项：严禁用于直播田、秧田、弱苗、倒苗或旱育秧田；严禁使用喷雾法施药。稗草、莎草和阔叶杂草混生的，用 25％抛秧净悬浮剂 30～40 毫升，于抛秧后 7～10 天拌细土 20 千克撒施，或对水 50 升喷雾防治。施药后应保持田水 30～50 毫米达 7 天以上。或用 30％丁·苄可湿性粉剂 100～150 克，于水稻立苗后拌湿细土撒施防治。施药时禾苗心叶不能被淹，否则会产生药害。或用 10％省力宝可湿性粉剂 20～30 克于抛秧后 5～7 天拌细土撒施。注意事项：严禁在漏水田中使用；不能将施药的田水排入水生蔬菜田，如慈姑、荸荠田等，以免发生药害。

(二)水稻控灌节水栽培技术

水稻控灌节水栽培是指在水稻栽插后,田间保持 5～30 毫米薄水层返青活苗,在返青以后的各个生育阶段,除了出穗—灌浆期建立适当的薄水层以外,田面不建立灌溉水层,以根层土壤含水量大小作为控制指标,以确定灌水时间和灌水定额的灌水新技术。

1. 播种与育秧 采用旱育秧技术。旱育秧选择高爽旱地,易排水、土层深厚、土质肥沃疏松的菜园地或幼龄果园行间空地做秧床,在播种前 5～7 天,选晴天将床土松翻,按每平方米床土施尿素 15 克、过磷酸钙 80 克、氯化钾 20 克,或者复合肥 130 克,然后松翻 2 次,使肥料施入10～15 厘米土层中,土肥均匀混合,然后按宽 1.0～1.2米,沟宽 0.5～0.7 米,高 0.12～0.15 米,长 15 米左右开沟起厢,平整厢面,并将开沟的土过筛作盖种用土,每平方米苗床约准备 15 千克过筛土。播种前 3～5 天要统一灭鼠一次。当日平均气温稳定在 8℃ 以上即可开始播种,同时要确保移栽期日平均气温稳定在 15℃,但小苗秧可在 13℃ 时移栽。播种量小苗秧杂交水稻每平方米苗床播干谷 60～90 克(折 40～60 千克/667 米^2),常规稻播干谷90～120 克(折 60～80 千克/667 米^2);培育中苗和大苗秧时,要适当稀播,播种量降低 20%～40%。播种时要分厢定量,疏播匀播。播种后压种入泥,然后用事先准备好的盖种土盖种,一般盖 0.5～1.0 厘米厚,以不见种子为宜。严禁用草木灰等碱性肥料和未经腐熟的粪肥盖种。盖种后用喷雾器喷清水,使土壤充分湿透。注意不能瓢泼,也不能使种子露出。为防治地下害虫,盖土后可在厢面上施药防治。

2. 移栽　采用手插或抛秧。根据品种或组合生育特性安排适宜移栽期,秧龄早稻一般 20～25 天,晚稻 15～20 天,叶龄控制在 3.5～4.5 叶。早稻一般每 667 米^2 抛(插)栽 1.8 万～2.2 万丛,晚稻一般每 667 米^2 抛(插)栽 2.0 万～2.2 万丛。

3. 施肥　一般早季每 667 米^2 基肥施用腐熟农家肥 1 000～1 500 千克(晚季施 750～1 000 千克稻草还田)或绿肥 1 500 千克左右,钙镁磷肥(或过磷酸钙)25 千克,面肥碳酸氢铵 20～25 千克,结合耥田施下。推广测土配方施肥,据各地分析,每季每 667 米^2 施 N 10～12.5 千克、P_2O_5 5～7.5 千克、K_2O 7.5～10 千克。在施肥方法上,基肥要足、追肥要速,前期(含基肥、分蘖肥)施肥量占全期的 70% 以上,中后期占全期 30% 左右;有机肥、磷化肥作基肥,钾化肥作分蘖肥和穗肥平均施用,氮化肥采用多次匀施,特别注意施好壮苞肥、壮籽肥,在足穗的同时,攻大穗大粒。第一次追肥早季在插后 4～6 天或抛秧水稻立苗后(早稻抛后 5～7 天,晚稻抛后 3～5 天)进行,结合使用本田除草剂。每 667 米^2 施尿素 5 千克,氯化钾 6～8 千克。本田除草剂每 667 米^2 用 18.5% 抛秧净或 20% 抛秧特 20～25 克。第二次早稻抛(插)后 10～12 天、晚稻抛(插)后 8～10 天进行第二次追肥,每 667 米^2 施尿素 6～8 千克,争取抛(插)18～20 天达到计划要求的 20 万苗,为足穗打下基础。中期看苗施用穗肥。穗肥因施用时期和作用不同,可分为促花肥和保花肥;凡是前期施肥适当、禾苗长势平衡的,一般应以保花增粒为重点,只宜施保花肥,而且施用量不宜过多,一般每 667 米² 施用尿素 2.5 千克左右。如果前期施肥不足,群体苗数偏少,个体长势较差,那么促花肥与保花肥都可施用,每次每 667 米² 可施用尿素 5 千克。杂交水稻对钾肥需要量大,在倒三叶露尖至倒二叶出生过程中每 667 米² 施用氯化钾 6～8 千克。齐穗后若脱肥,则进行叶面追肥。每 667 米² 用磷酸二氢钾 150 克,对水 75 升,喷施 1～2 次。

4. 灌溉　采用旱育秧减少秧田期用水。旱耕或旋耕以减少泡田用水。北方稻区的暖温带可采取晚育晚插技术,以充分利用初夏雨水整地栽插,节约灌溉用水。秧苗栽插后薄水促返青。田面水层低于 10 毫米时灌水,灌水后田面保留 30 毫米水层。遇雨可蓄存雨水但不能淹没苗心。分蘖前期,轻控促分蘖。在田面无水层、田表土壤稍有沉实、陷脚及粘脚时进行灌水。稻田土壤水分上限为饱和含水率,下限为饱和含水率的 80%。分蘖中期,中控促壮蘖。在田面沉实、土壤不粘手、局部有细小裂缝时进行灌水,灌水后田面不建立明水层。稻田土壤水分上限为饱和含水率,下限为饱和含水率的 70%。分蘖后期,重控促转化。在田面不陷脚、出现 1 厘米左右的裂缝时进行灌水,灌水后田面不建立明水层。稻田土壤水分上限为饱和含水率,下限为饱和含水率的 60%。拔节孕穗前期,壮秆促大穗。在田面沉实、脚踏有浅脚印时进行灌水,灌水后田面不建立明水层。稻田土壤水分上限为饱和含水率,下限为饱和含水率的70%。拔节孕穗后期,促颖花发育,提高穗粒数。在田面沉实、无裂缝、不粘脚时进行灌水,灌水后田面不建立明水层。遇障碍性低温冷害天气可灌水保温,稻田土壤水分上限为饱和含水率,下限为饱和含水率的80%。抽穗开花期,养根保叶,提高结实率,在田面沉实、无裂缝、不粘脚时进行灌水,灌水后田面不建立明水层。稻田土壤水分上限为饱和含水率,下限为饱和含水率的80%。乳熟期,养根保三叶,提高千粒重。在田面沉实、无裂缝、脚踏无脚印时进行灌水,灌水后田面不再建立明水层。稻田土壤水分上限为饱和含水率,下限为饱和含水率的70%。黄熟期,适期收割,提高碾米品质。不再灌水,自然落干。

5. 主要病虫草害防治　秧田期间重点防治稻蓟马,秧苗带药下田。大田期重点防治二化螟、稻纵卷叶螟和稻飞虱,在农药的选择上,一般可选用锐劲特、乐斯本、扑虱灵等。杂草的防除以稗草为主的,在秧苗移栽后早稻5~7天、晚稻3~5天,每667米² 用18%稻益丰或18%草绝15~20克,拌细土或化肥撒施防治。施药后应保持田水3~5厘米深达7天以上。以稗草和莎草混生的,每667米² 用50%丁草胺乳油100毫升,拌细土或化肥于插秧后3~5天撒药,保持3~5厘米水层3~4天。以阔叶杂草为主的,每667米² 可用10%农得时可湿性粉剂10~15克,对水50升,于插秧后7~10天(早稻)或5~7天(晚稻)拌细土20千克撒施;亦可使用18%稻益丰或18%草绝或乐草隆防治,施药时应保持田水3~5厘米达

7 天以上;或者选用 10%灭草王可湿性粉剂,每 667 米² 6 克拌细土 20 千克或随化肥撒施防治。注意事项:严禁用于直播田、秧田、弱苗、倒苗或旱育秧田;严禁使用喷雾法施药。稗草、莎草和阔叶草混生的,每 667 米² 用 18%草绝,或 18%稻益丰 15~20 克,拌细土或化肥于移栽后 5~7 天撒施防治,亦可使用稻草隆、稻无草、乐草隆、精克草星等除草剂。注意事项:限于秧苗 5 叶后的大苗移栽田使用,不可用于秧田、直播田、抛秧田和制种田;干田、漏水田及倒苗、弱苗田不宜使用,沙性土壤用量宜酌减。

(三)水稻免耕抛秧技术

　　水稻免耕抛秧栽培是指在收获上一季作物后未经翻耕犁耙或仅去除残茬条件下进行抛秧种稻的一种省工高效的水稻耕作种植方式。该技术近年在广西已有较大推广应用面积。

　　1. 播种育秧　秧苗采用软盘育秧和旱育秧,培育3.5~5.5 叶的壮秧。塑盘采用孔径较大的 434 孔或 353孔塑料软盘育秧。选择地平田肥、灌排水方便、无污染水源的稻田做秧床。田块犁耙平整后,起畦,秧板宽 165 厘米,秧沟宽 25 厘米;由于盘育苗的秧苗根系要通过底孔吸收床土的养分和水分,所以起畦后的秧床按每平方米施腐熟过筛的鸡粪灰 500 克、水稻专用复合肥 50 克,均匀地撒施在秧板上,也可用旱育保姆拌种或盘底撒施壮秧剂来培育带蘖壮秧。碳酸氢铵、尿素等化肥和未经腐熟的畜粪不宜施用,以免烧苗。秧板耥平后将秧盘在秧板上横向排列 2 行,将秧盘轻轻压入浮泥中,使秧盘与床土紧贴,再按每盘 1.2 克复合肥的用量往孔穴内均匀撒施种肥,然后用秧沟内的泥浆注满孔穴,刮平,待泥浆沉实一刻后即可播种、塌谷。播种时尽量做到每个孔穴播 1～2 粒种子。

2. 抛秧前稻桩和杂草处理

(1)喷药前免耕田块的处理　早稻免耕田处理。早稻在抛秧前 10～15 天施药,主要是用于防除稻田间及田埂边杂草。喷药前的一周内,保持田块薄水层,利于杂草萌发和土壤软化,施药时田块应排干水,尽量选择晴天进行。每 667 米^2 用"农民乐 747"150～200 克或 20％克无踪 200～250 克,对清水 25～30 升,均匀喷洒田间和田埂杂草,注意不能漏喷。晚稻免耕田处理。早稻收割时要尽量低割,稻桩高度最好不超过 15 厘米。早稻收割后,排干田水,如天气晴朗,即在当日或第二天每 667 米^2 用"农民乐 747"200～300 克或 20％克无踪 250～300 克,对清水 25～30 升,均匀喷洒每个稻桩和田间、田埂杂草。如果季节允许,也可待稻桩长出再生稻时再喷药。注意不能漏喷。喷雾器要求雾化程度较好,雾化程度越高,效果越好,严禁使用唧水筒喷药。无论使用哪类除草剂,田面必须无水,选用草甘膦类除草剂,喷药后 4 小时内下雨,效果会受影响,需要重新喷药,除草剂必须使用清水对药,不能用污水、泥浆水,否则药效会降低。

(2)喷药后免耕田块的处理　施药后 2～5 天,稻田全面回水,早稻浸泡稻田 7～10 天、晚稻浸泡稻田 2～4 天,待水层自然落干或排浅水后抛秧。如果季节允许,浸田时间长一些,效果更好。对季节十分紧张的免耕稻田(如桂北双季稻区晚稻免耕田),可在收割当天喷药,喷药后第二天回水浸田,第三天排浅水抛秧,但这种方法需依具体情况慎重进行。抛秧前,如果杂草及落粒稻谷萌发长出的秧苗较多,可在抛秧前 2～3 天排干田水,每 667 米² 使用"农民乐 747"50～100 克或 20％克无踪 100～150 克,对水 20～25 升喷施。抛秧前,如果发现田块因脚印太多太深,可以用农家铁耙简单推平而不需翻耕,排水留浅水后即可抛秧。免耕稻田土壤不会像传统犁耙后松软,抛秧时杂草、早稻稻桩可能尚未完全腐烂,但不会影响水稻的正常生长。

3. 合理抛栽　免耕抛秧田不像翻耕抛秧田那样糊烂,秧苗入土浅,立苗难,成活率低,抛栽时要强调以下 3 点:一是改花泥水抛秧为无水层抛秧,一般早、中稻在抛后 1～2 天再灌薄水返青。二是在下午抛秧,第二天上午灌薄水返青,以利于秧苗扎根立苗。三是适当增加抛秧量,一般较常规抛秧增加 5％～10％。

4. 施肥与灌溉　施肥与灌溉同以上所述技术。但要注意的是免耕会导致土壤板结,不利于根系下扎和水分养分的下渗,造成前期立苗难、成活率低、养分表层富集,后期缺肥早衰、根系难下扎、易倒伏等一系列问题。因此,泡软土壤、打破土壤板结是免耕抛秧高产的关键措施。抛秧前 5～7 天,灌深水以松软土壤及腐化残茬、杂草等。

5. 主要病虫草害防治　病虫害防治同上。免耕抛秧杂草的防除是关键。免耕抛秧前要选择灭生性除草剂，选用的除草剂最好具备安全、快速、高效、低毒、残留期短、耐雨性强等优点。目前，生产上应用的稻田免耕除草剂有两种类型：一种是内吸型灭生性的草甘膦类除草剂，如"农民乐747"、农达、国产草甘膦等。该类除草剂灭生效果好，但除草速度较慢，喷药后根系先中毒枯死，3～7天后地上部叶片才开始变黄，喷药后15天左右，杂草植株的根、茎、叶才全部枯死。另一种是触杀型广谱灭生性的百草枯类除草剂，如克无踪等。该类除草剂灭除地上部杂草植株速度快，晴天喷药后2小时杂草茎叶开始枯萎，2～3天后杂草和稻桩地上部大部分枯死，但杀草不除根。目前广西壮族自治区常用的免耕除草剂如"农民乐747"、农达、克无踪等属安全高效除草剂，各地可因地制宜选择使用。

三、福建省双季稻配套栽培技术

福建省双季稻优质高产配套技术主要包括优质早稻高产关键技术、双季杂交早稻高产关键技术、闽南地区双季早稻高产关键技术和早稻—再生稻高产关键技术4项。

(一)优质早稻配套栽培技术

该技术主要应用于佳辐占、漳佳占、泉珍10号等福建省主要的优质常规早稻品种上。目标要求：每667米²产量500千克，有效穗数22万左右，每穗粒数90～100

粒,结实率85％以上,千粒重28～28.5克。

1. 品种选用　根据、温光资源利用最大化原则,闽西北稻区的三明、龙岩市,闽南沿海的厦门、漳州市可种植生育期相对较长的优质常规早稻品种佳辐占,漳州、泉州市还可选用优质早稻品种漳佳占、泉珍10号。

2. 育秧与移栽　一般在3月上中旬播种,播种前晒种2天,用强氯精或浸种灵、使百克(咪鲜胺)浸种消毒。育秧方式有塑盘育秧、旱育秧或湿润育秧。大田用种量,每667米^{2}在3千克左右;秧田播种量:塑盘育秧45～55克/盘,旱育秧45千克/667米^2。苗床培肥:选择富含有机质的菜地土,耕翻做畦后将育秧专用肥均匀拌入10厘米表土层中。秧苗长到2叶1心期,每667米^{2}追施5千克尿素作为断奶肥。秧苗水管:采用塑盘育秧的应每日浇水2～3次;采用湿润秧的应注意干湿交替。秧田重点防治立枯病,发生立枯病时在发病处用300～500倍敌克松或甲霜灵药液喷洒防治。起秧前3～5天喷施一次长效农药,秧苗带药下田。

在4月上中旬移栽,插秧前本田应施足基肥,佳辐占分蘖力较弱,要重施基肥,促使尽快分蘖。有机肥作基肥深施;不施有机肥的,耙田前施过磷酸钙30千克、碳酸氢铵40～45千克。秧田在移栽或抛栽前2～3天施送嫁肥,送嫁肥按每平方米15克尿素,对水1.5升浇淋施肥。插秧方式采用移栽或抛秧的方式。秧龄应控制在25～30天。栽插密度为:抛秧掌握在每667米^{2}抛1.6万～1.8万穴,手插移栽掌握在株行距19.8厘米×19.8厘米或

29.7厘米×13.2厘米,每丛3～4本。抛秧步骤:在大田无水或薄水的状况下抛秧,先满田抛70%,捡出工作行后,抛剩下的30%。

3. 施肥与灌溉 本田每667米² 施 N 10～12千克、P_2O_5 5～6千克、K_2O 8～10千克。力争多施有机氮肥(作基肥)。分蘖肥在移(抛)栽后5～7天内结合化学除草施分蘖肥,每667米² 施尿素7千克、氯化钾10千克。穗肥在倒二叶抽出期(约抽穗前20天)施保花肥,每667米² 施尿素4～6千克和氯化钾10千克。粒肥:齐穗后喷施磷酸二氢钾或其他叶面肥。大田水管原则:薄水插秧,无水或薄水抛秧,寸水护苗,浅水促蘖,每667米² 茎蘖数达到20万时烤田、干湿成穗、保水孕穗扬花,干湿交替灌浆,收割前7天断水。遇寒或干热天气,灌深水、保温、调湿。

4. 病虫草害防治 佳辐占抗稻瘟病能力较强,但虫害比较重,主要有二化螟、大螟、卷叶螟、稻飞虱、稻叶蝉等。分蘖至幼穗分化期重点防治螟虫。每667米² 用70%三乐杀虫剂可湿性粉剂40克,对水50～60升喷雾;20%三唑磷乳油1 500倍稀释液喷雾或18%杀虫双水剂或18%抗虫灵水剂200毫升,对水50～60升喷雾。结合施分蘖肥每667米² 用吡嘧磺隆6.25克或丁草胺40～60克,拌细土撒施防治杂草。孕穗至抽穗期重视防治稻飞虱和各种螟虫。稻飞虱多在山区山垄田发生,南部洋面田危害相对较轻。孕穗后飞虱虫口密度平均每丛12头时,每667米² 用25%扑虱灵可湿性粉剂20～25克,或

10％吡虫啉可湿性粉剂 10～15 克,对水 50～60 升喷雾。防治螟虫同中期用药。

5. 收割　佳辐占成熟期在 7 月中下旬,这时正处于高温阶段,谷粒灌浆速度比较快,一般应提倡九黄十熟。在小穗 90％以上成熟时才收割,以确保有优良的稻米品质。当前早稻收割以机收为主,为提高收割效率,收割前均应排干水,以方便收割机械运作。

(二)双季杂交早稻配套栽培技术

该技术主要应用于 T78 优 2155、金优 2155、金优明 100、油优 82 等福建省主要的杂交早稻品种上,目标要求:每 667 米² 产量 550～600 千克,有效穗数 20 万～22 万左右,每穗粒数 135～140 粒,结实率 80％以上,千粒重 25.0～26.0 克。

1. 品种选用　根据温、光资源利用最大化原则,闽西北稻区的三明、龙岩、南平市主要选择产量综合性状好、抗稻瘟病能力中等、米质口感较好的 T78 优 2155、金优 2155、金优明 100 等杂交早稻品种,沿海的莆田、福州市主要选择抗倒性好、耐高温的油优 82、油优 016 等杂交早稻品种。闽东北的宁德选用生育期相对较早的杂交早稻品种金优 07、T78 优 07。

2. 育秧与移栽　一般在 3 月上中旬播种,用强氯精或浸种灵、使百克浸种消毒。育秧方式采用旱育秧或湿润育秧,大田 667 米² 用种量 1.5～2 千克。菜地土(抛秧用塑盘)做苗床,选择富含有机质的菜地土,耕翻做畦后将育秧专用肥均匀拌入 10 厘米表土层中。播种量每平方米 80~100 克,每 667 米^2 大田留足秧田 20~25 米^2,抛秧大田每 667 米^2 备足 561 孔塑盘 45 盘,每孔 2 粒谷。秧田追肥秧苗长到 2 叶 1 心期每 667 米^2 施 5 千克尿素作为断奶肥。秧苗水管:采用塑盘育秧的应每日浇水 2~3 次;采用湿润秧的应注意干湿交替。重点防治立枯病,发生立枯病时在发病处用 300~500 倍敌克松或甲霜灵药液喷洒防治。发现苗瘟的,起秧前 2~3 天每 667 米^2 用 75% 三环唑可湿性粉剂 30 克,对水 30 升喷施。

一般在 4 月上中旬移栽,插秧前本田应施足基肥,用有机肥作基肥深施,不施有机肥的,耙田前施过磷酸钙 30 千克、碳酸氢铵 40~45 千克。秧田在移栽或抛栽前 1~2 天每 667 米^2 施 5~7 千克尿素作为送嫁肥,结合用 5% 锐劲特 60 克加 75% 三环唑 60 克,对水 50 升喷施,使秧苗带肥带药下田。插秧方式采用移栽或抛秧的方式。秧龄应控制在 30~35 天。栽插密度为:抛秧掌握在每 667 米^2 抛 1.6 万~1.7 万穴,手插移栽掌握在株行距 17.8 厘米×17.8 厘米或 29.7 厘米×13.2 厘米。抛秧步骤:在大田无水或薄水的状况下抛秧,先满田抛 70%,捡出工作行后,抛剩下的 30%。

3. 施肥与灌溉 本田每 667 米^2 施 N 12~14 千克、P_2O_5 5.5~6.5 千克、K_2O 10~12 千克。力争多施有机氮肥(作基肥)。分蘖肥在移(抛)栽后 5~7 天内结合化学除草施分蘖肥,每 667 米^2 施尿素 8 千克、氯化钾 10 千克。穗肥在倒二叶抽出期(约抽穗前 20 天)施保花肥,每 667 米^2 施尿素 5~8 千克和氯化钾 10 千克。粒肥:齐穗后喷施磷酸二氢钾或其他叶面肥。大田水管原则：无水或薄水抛秧，薄水返青，湿润分蘖，达到计划苗数 70％～80％烤田，保水孕穗扬花，干湿交替灌浆，收割前 7 天断水。遇寒或干热天气，灌深水、保温、调湿。

4. 病虫草害防治　T78 优 2155、金优明 100、汕优 82 等早稻杂优品种均为感稻瘟病品种，应将防稻瘟作为病虫防治的重中之重。分蘖至幼穗分化期：对已出现稻瘟病病叶或发病中心的田块，每 667 米² 用 40％富士一号（稻瘟灵）乳油 100 毫升，或 75％三环唑可湿性粉剂 30 克，对水 50～60 升喷雾。同时结合施分蘖肥用吡嘧磺隆 6.25 克或丁草胺 40～60 克拌细土撒施防治杂草。破口抽穗初期至齐穗期对已发生过叶瘟的稻田、感病品种种植区、老病区应在破口初期和齐穗期各施药 1 次，药剂与防治叶瘟相同。施药时要对足水量，背负式手动喷雾器，每 667 米² 不能少于 50 升水，机动弥雾机不少于 15 升水。施药力求均匀。如遇连续阴雨，雨歇时要抓紧抢喷。还应重视防治稻飞虱和各种螟虫，孕穗后飞虱虫口密度平均每丛 12 头时，每 667 米² 用 25％扑虱灵可湿性粉剂 20～25 克，或 10％吡虫啉可湿性粉剂 10～15 克，对水 50～60 升喷雾。

5. 收割　早杂优成熟期处于高温阶段，谷粒灌浆速度比较快，一般提倡九黄十熟。当前早稻收割以机收为主，为提高收割效率，收割前均应排干水，以方便收割机械运作。

(三)闽南地区双季早稻配套栽培技术

该技术主要应用于特优航 1 号、Ⅱ优航 2 号、D奇宝优 527、特优 627 等长生育期的杂交稻品种上,目标要求:每 667 米² 产量 600 千克,有效穗 14 万~16 万,穗粒数 150~180 粒,结实率 80％以上,千粒重 27~30 克。

1. 品种选用 闽南地区温、光条件优越,年平均气温比闽西北高 2℃~4℃以上,是全省光、热资源最好的地区,亦是粮食高产区。根据温、光资源利用最大化原则,闽南稻区主要选择生育期长、产量综合性状好的超级稻品种特优航 1 号、Ⅱ优航 2 号、D奇宝优 527、特优 627。

2. 育秧与移栽 一般在 2 月下旬至 3 月上旬播种。播种前晒种 2 天,用强氯精或浸种灵、使百克浸种消毒。育秧方式采用旱育秧或湿润秧,大田用种量 1.2~1.5 千克。菜地土(抛秧用塑盘)做苗床,选择富含有机质的菜地土,耕翻做畦后将育秧专用肥均匀拌入 10 厘米表土层中。播种量每平方米 80~100 克,每 667 米² 大田留足秧田 20~25 米²,抛秧大田备足 561 孔塑盘 45 盘,每孔 2 粒谷。秧苗长到 2 叶 1 心期每 667 米² 施 5 千克尿素追肥作为断奶肥。秧苗水管:采用塑盘育秧的应每日浇水 2~3 次;采用湿润育秧的应注意干湿交替。重点防治立枯病,发生立枯病时在发病处用 300~500 倍敌克松或甲霜灵药液喷洒防治。发现苗瘟的,起秧前 2~3 天每667 米² 用 75％三环唑可湿性粉剂 30 克,对水 30 升喷施。

一般在 4 月上旬至中旬移栽,插秧前本田应施足基肥,用有机肥作基肥深施;不施有机肥的,耙田前施过磷酸钙 35 千克、碳酸氢铵 45～50 千克。秧田在移栽或抛栽前 1～2 天每 667 米^2 施 5～7 千克尿素作为送嫁肥。插秧方式采用移栽或抛秧的方式。秧龄应控制在 30～40 天。栽插密度为:抛秧掌握在每 667 米^2 抛 1.3 万～1.4 万穴,手插移栽掌握在株行距 23.1 厘米×19.8 厘米或 29.7 厘米×16.5 厘米。抛秧步骤:在大田无水或薄水的状况下抛秧,先满田抛 70%,捡出工作行后,抛剩下的 30%。

3. 施肥与灌溉　本田每 667 米^2 施 N 13～15 千克、P_2O_5 6.0～6.5 千克、K_2O 11～12 千克。力争多施有机氮肥(作基肥)。在移(抛)栽后 5～7 天内结合化学除草施分蘖肥,每 667 米^2 施尿素 8～10 千克、氯化钾 10 千克。此后至幼穗分化期内,除非叶色过度退黄,田间明显缺肥,一般不再施二次分蘖肥和促花肥,以防无效分蘖增多,成穗率下降。穗肥和粒肥:在倒二叶抽出期(约抽穗前 20 天)施保花肥,每 667 米^2 施尿素 8～10 千克和氯化钾 10 千克。齐穗后用尿素 2～3 千克,结合磷酸二氢钾或其他叶面肥进行根外喷施。大田水管原则:无水或薄水抛秧,薄水返青,湿润分蘖,达到计划穗数 75%～80% 烤田,保水孕穗扬花,干湿交替灌浆,收割前 7 天断水。遇寒或干热天气,灌深水、保温、调湿。

4. 病虫草害防治　特优航 1 号、Ⅱ优航 2 号、D奇宝优 527 等长生育期的杂优品种均为感稻瘟病品种,防稻瘟应作为病虫防治的突出重点。分蘖至幼穗分化期:对已出现病叶或发病中心的田块,每667米²用40％富士一号乳油100毫升,或75％三环唑可湿性粉剂30克,对水50～60升喷雾。如发生螟虫用三乐杀虫剂和抗虫灵防治。破口抽穗初期至齐穗期:对已发生过叶瘟的稻田、感病品种种植区、老病区应在破口初期和齐穗期各施药一次,药剂与防治叶瘟相同。施药时要对足水量,用背负式手动喷雾器,每667米²不能少于50升水,用机动弥雾机不少于15升水。施药力求均匀。如遇连续阴雨,雨歇时要抓紧抢喷。

5. 收割　闽南稻区早杂优成熟期在7月中下旬,正处于高温阶段,谷粒灌浆速度比较快,一般提倡九黄十熟。当前早稻收割以机收为主,为提高收割效率,收割前均应排干水,以方便收割机械运作。

(四)早稻—再生稻配套栽培技术

该技术主要应用于Ⅱ优明86、Ⅱ优1273、Ⅱ优航1号等再生力强的超级稻组合。目标要求:每667米²,头季稻产量800～850千克,再生稻产量400～450千克。头季稻有效穗数17万～18万左右,每穗粒数180～200粒,结实率92％～93％,千粒重28.0～29.0克。再生稻有效穗数32万～34万左右,每穗粒数65～70粒,结实率92％～95％,千粒重26.5～27.5克。

1. 品种选用　根据品种不同再生力、产量、品质和抗逆性等综合因素考虑,闽西北稻区的三明、龙岩、南平市主要选择Ⅱ优明86、Ⅱ优1273、Ⅱ优航1号,沿海的福州市主要选择生育期较短的两优2186、金明优100。

2. 育秧与移栽 一般在 3 月上旬至中旬播种。播种前晒种 1～2 天,用强氯精或浸种灵、使百克浸种消毒。育秧方式采用旱育秧,大田每 667 米² 用种量 1.0～1.05 千克,秧田播种量每平方米 50 克。每 667 米² 备足冬翻培肥秧床,旱育秧地 24 米²,播种前每平方米秧田用 60 克壮秧肥作基肥,施足基肥,要求每 667 米² 配约 25 米² 秧田,施壮秧肥 1 千克,用 600 倍敌克松消毒。播前浇透水,播种要稀播匀播保质保量。播后用木板将种压入土中,盖上 1 厘米厚的火烧土或细土,接着均匀喷丁草胺 600 倍液,盖上地膜。播后要及时做好秧苗的水、肥、膜的管理。做到立针前勤浇水,一叶包心保持畦面湿润,晴天秧畦两头要揭膜通风,雨天及时排水。秧苗 1 叶 1 心时用多效唑 1 克加 1 升水喷雾,促进秧苗矮化多分蘖。在 2 叶 1 心和插秧前施好断奶肥、送嫁肥,并结合防治一次病虫害。

一般在 4 月上中旬或下旬移栽,秧龄在 30～35 天,叶龄 5.5～6.5 片,苗带 2～3 个分蘖时及时移栽。移栽要严格把好"三带一浅插"插秧关(即:插前 5～7 天施以磷肥为主的送嫁肥,诱发短白根;插前 1～2 天用药预防一次秧苗病虫害,防止秧苗带病虫到本田;拔秧时尽量多带营养土;插时寸水浅插,入土深度不超过 2 厘米)。促进本田秧苗早发、早分蘖和低节位分蘖创多穗大穗。栽培时要严格畦栽,开畦主要为下阶段烤田做好准备。畦带沟宽 1.8 米,其中沟宽 27 厘米,沟深 15～20 厘米,每畦插 9 行,一般每 667 米² 插 1.8 万～2.0 万丛,株行距 20.0 厘米×16.5 厘米,壮秧丛插 1 粒谷秧、弱苗丛插两粒谷秧,确保基本茎蘖苗达 6 万～8 万苗。对小丘田要把好后壁沟。插秧前本田应施足基肥，每 667 米² 施碳酸氢铵 35 千克（或尿素 10 千克）、过磷酸钙 25 千克、氯化钾 10 千克、水稻专用肥 30 千克，耙田时全层深施，面肥用钙镁磷肥 25 千克于做畦时施。对冷烂锈水田用 1 千克硫黄粉，缺镁、缺锌田往年稻苗易产生叶片综合征，可分别用 2.5～3.0 千克镁肥、0.5～1 千克锌肥。水分管理采用以水调气、以气促根、以根壮秆的方法。

3. 施肥与灌溉

（1）头季稻的施肥与灌溉　本田每 667 米² 施 N 17～18 千克、P_2O_5 8.0～9.0 千克、K_2O 15～16 千克。力争多施有机氮肥（作基肥）。分蘖肥在插后 7 天左右施用，结合中耕进行，每 667 米² 用水稻专用肥 30 千克，结合查苗补苗，用抛栽灵 60 克拌 20 千克细沙撒施除草，灌寸水保持静水 4～7 天。追肥在插后 15 天施用，看苗补施平衡肥，每 667 米² 用尿素 3～5 千克加氯化钾 4～5 千克。穗肥在 6 月上旬水稻进入幼穗分化时施用，用 8～12 千克进口复合肥；6 月下旬视苗情施进口复合肥 3～4 千克作粒肥。形态发达、机能强而持久的根系是再生稻头季—再生季创高产的关键，在水管上要求做到：薄水插秧、寸水护苗、浅水促蘖，当丛均茎蘖数达 8～10 本及时进行清沟搁田控苗，搁田标准"脚踩不粘泥、畦面鸡爪痕"。到幼穗分化初期改为沟灌、保持畦面湿润，做到以水调气、以气促根、以根壮秆，实现根多、秆壮、大穗高产。

（2）再生稻的施肥与灌溉　催芽肥施用时期：头季稻

齐穗后 15～20 天(低产田 15～16 天、中产田 17～18 天、高产田 19～20 天)为追施催芽肥的最佳时期。每 667 米^2 施催芽肥尿素 20 千克、施壮苗肥尿素 5 千克。施肥前应先灌寸水层,然后堵住进、出水口,隔天分 2 次施完(每次施 10 千克,于下午无露时撒施,然后用竹竿扫稻株促尿素落入水中,既防烧苗又提高肥效),施后干湿交替水管至成熟(也称二次烤田);头季收割后 3 天内灌寸水再施壮苗肥 5 千克,以提高肥料利用率、促进再生苗健壮生长。在破口、齐穗、灌浆期各喷施磷酸二氢钾 1 次,每 667 米^2 用 150～200 克对水 60 升,促进提高结实率和千粒重。水管上做到水层发苗,寸水抽穗扬花,干湿交替灌浆成熟,谨防过早断水影响结实率和千粒重的提高,遇到"寒流"灌深水护苗保穗,寒流过后渐排水,保持沟中有水畦面湿润。

4. 病虫草害防治　主要抓好"两虫两病",4 月下旬至 5 月上旬防治好第一代二化螟,降低枯鞘率;6 月下旬开始密切注视稻飞虱虫口消长动态,丛平均达 8 只左右开始施药防治;苗期、分蘖盛期注意防治苗、叶瘟,7 月上旬,水稻陆续进入破口、齐穗阶段,破口前用井冈霉素、扑虱灵或大功臣,对水 90 升,于上午 10 时前或下午 15 时后以粗雾点喷足喷透,彻底防治纹枯病和稻飞虱;破口期防治 1 次穗颈瘟、间隔 7 天再防治 1 次;抽穗期若遇连续阴雨天气,始穗期要求用三环唑全面预防 1 次穗颈瘟,另外,头季有发生穗颈瘟的田块于齐穗期再防 1 次。烤田复水后纹枯病丛发病率 10% 时开始下药防治 2 次纹枯病,提高头季活桩率。防治纹枯病用井冈霉素水剂0.3千克或粉剂一包半,对水100升,并以粗雾点喷施至稻株基部。对病虫害的防治既要勤检查测报,又要掌握病虫的发生规律,采取"预防为主,综合防治"的方针,适期防治主要害虫,充分利用各村植保机防队的作用。

5. 收割 头季稻收割期要掌握十黄抢晴收,过早收割对头季产量及再生季发苗都有影响,过迟收割既会影响再生季安全齐穗、又会造成将倒二节有效芽割掉。因此,头季收割期应掌握谷粒十黄抢晴收割,这样不仅可促进苗齐、结实率提高5%～8%,而且可增加穗粒数2～4粒。留桩高低也直接关系到再生苗数、有效穗数和是否安全齐穗。所以,留稻桩应遵循"留二、保三、争四五芽"的原则,掌握稻桩留株高的1/3或以丛株倒三叶叶枕为留桩高度标准,这样能100%留住倒二芽,确保再生季既能高产,又能安全齐穗。

(五)福建省双季杂交晚稻配套栽培技术

该技术主要应用于Ⅱ优航2号、Ⅱ优航1号、特优航1号、D优527、Ⅱ优明86、准两优527、D优202、甬优6号等农业部认定的优质高产超级稻上。目标要求:每667米^{2}产量600～700千克,有效穗数16万～18万,每穗粒数135粒以上,结实率85%以上,千粒重28～29克。

1. 品种选用 根据温、光资源利用最大化原则,不同稻作区选择不同的早、晚品种搭配模式。闽东南稻区双季搭配超级稻;闽中稻区早季为杂交早稻、优质常规早稻,晚稻搭配中迟熟常规稻或超级稻。闽西北稻、闽中山区为早熟常规稻、杂交稻搭配早中熟杂交稻或中熟常规、杂交早稻。

2. 育秧与移栽　福建省地理条件复杂,晚稻安全齐穗期有很大差异。闽西北内陆山区(海拔 300～500 米)常年安全齐穗期在 9 月 20～25 日前;高山区(海拔 600 米以上)在 9 月 10～15 日前;闽西南中海拔山区、谷地及闽东沿海平原,常年安全齐穗期在 9 月 30 日至 10 月 5 日前;而闽东南沿海平原,常年晚稻在 10 月 10～15 日齐穗也能安全过关。育秧方式上,闽南地区可选用机插秧、抛秧、旱育秧,其他地区一般以长秧龄为主,育秧方式应根据品种生育期和安全齐穗期选用。用强氯精 300 倍液浸种,先用清水预浸 12 小时,后用药水浸 12 小时,清水洗净,再用清水浸至吸水达饱和。晚稻浸种气温、水温较高,要勤换清水。破胸露白后的杂交稻种子,在堆集缺氧条件下易丧失活力,应及时播种。提倡精量播种,湿润育秧秧田播种量一般为 8 千克/667 米² 左右,大田用种量在 0.7～0.8 千克/667 米²,秧龄控制在 25～30 天。配合浅水灌溉、早施分蘖肥、化学调控、病虫草害防治等措施,达到苗匀、苗壮。秧田在 4 叶期左右看苗施一次平衡肥,并在移栽前 3～4 天施起身肥。

双季晚稻一般在 7 月上中旬移栽,闽西北最迟不超过 7 月 25 日。超级稻组合一般植株较高,生长量大。如果密度过高,行距小,会引起群体通风透光不良,病虫害防治困难。高产栽培密度为 19～20 丛/米²,行距在 28 厘米左右。这样有利于控制株高,提高成穗率,减少纹枯病发生概率。一般每丛插单本,如单株带蘗少的可插双本,确保每丛 5 个茎蘗。

3. 施肥与灌溉 每 667 米² 施纯氮 12～13 千克、氯化钾 8～12 千克、过磷酸钙 20 千克。在稻草还田的基础上,过磷酸钙作基肥,氯化钾作基肥和分蘗肥各 50％。基肥中可施 8～10 千克尿素量的氮素化肥,在耙田时施入大田。双季晚稻全生育期短,营养生长期短,有效分蘗期短,幼穗分化开始早,要特别重视早施分蘗肥,移栽后 1 周内每 667 米² 可撒施尿素 5 千克和 15 千克复合肥。穗肥根据水稻长相,决定施用时期和施用量,一般在倒二叶前每 667 米² 追施尿素 5 千克左右。长相好的田块可少施、迟施;相反,长相差的要早施和多施。始穗后可用磷酸二氢钾加尿素进行根外追肥 1～2 次,以延长功能叶寿命,增加粒重,特别是台风过后及时喷施,可促进恢复生长,增强水稻抗逆能力。大田水管原则:无水或薄水抛秧,薄水返青,湿润分蘗,达到计划苗数 70％～80％烤田,保水孕穗扬花,干湿交替灌浆,收割前 5～7 天灌跑马水。遇寒或干热天气,灌深水、保温、调湿。

4. 病虫草害防治 晚稻病害主要有稻瘟病、纹枯病、细条病、白叶枯病、齿矮病等,稻瘟病、纹枯病发病条件,防治办法基本类同早稻。细条病、白叶枯病发生期为水稻生长中后期,幼穗分化 5 期至齐穗期为最易感病期。最易发生的田段为沿海沙质田和溪流两岸沙质田和风口田,偏氮田,最易感的品种类型为稻叶较长较宽的品种。

防治措施:

①易发田段选择稻叶短、窄类型抗性相对较好的品种。

②易发田段控制氮肥用量,提高水稻后期抗风力,进而增强水稻的抗性。

③适时农药防治。一是用叶青霜浸种,浸种浓度0.02％,浸种时间6小时。二是易发区在孕穗期用2％叶青霜药液防治1次,药液用量30～40升/667米^2。三是在易发期做好测报工作,初发期及时用叶青霜防治1～2次。

齿矮病为近几年福建省稻区发生面积较大的一种水稻病毒病,由稻飞虱传播,传播期为5月上中旬至8月初,发病时间、发病规模主要由褐飞虱迁飞时间、种群数量和种群带毒率决定。主要危害中晚稻,其中以迟播中稻和连作晚稻发病最重。

防治办法:

①重点抓好秧田期褐飞虱防治。一是在播种前秧田施入呋喃丹,提高秧田的早期体内含药量,尽量减少秧田稻飞虱发生量,控制齿矮病毒的导入率。二是根据褐飞虱的迁入预报,对迁飞期内正在生长的秧苗及时采用速灭性农药防治褐飞虱1～2次。三是在有条件的生产单位采用防虫网育苗,杜绝褐飞虱的危害传毒。

②抓好大田稻苗返青、分蘖期的褐飞虱防治。

晚稻害虫主要有褐飞虱、卷叶螟、二化螟、黏虫等。防治办法:褐飞虱防治除苗期、分蘖期同齿矮病外,中后期主要以防治其自身危害为目标,防治措施主要以迁飞预报和当地繁殖测报为根据,以每丛害虫发生量达到防治指标的 15 天内为防治适期。栽培防治以不偏氮为标准,药物防治以扑虱灵为佳,每 667 米² 用量为 100 克。卷叶螟防治办法同早季。晚季二化螟、大螟发生危害时段一般为 10 月 15 日前后,主要危害抽穗较迟的迟熟品种和迟播田,主要发生田段,沿河为沙质田、山边田,发生田段以田埂边发生量为最多,虫口密度大的年份,会扩展至全田。二化螟,具有群集、食量大、转移危害的特点,大螟群集性不强,其他性状类同二化螟。

防治办法:

①水稻孕穗期注意易发田段的虫情,及时预报发生期和发生量。

②力争在二龄蚁螟前用杀虫双等杀虫剂防治。

③根据晚季二化螟、大螟世代重叠的特点,施药后 7 天内再检查一遍防治效果,如有蚁螟发生,再防治 1~2 次。黏虫危害年度差别比较大,不同年份发生量和发生期都有较大的差别,一般危害迟熟品种和迟播田为主。黏虫危害具有隐蔽性、群集性、快速性的特点,重发生年份会使发生田块 3~5 天内绝收,因此对易发田段,应在发生期前做好田间调查,在该虫暴发期前施药杀死。使用农药参照二化螟。

双季稻杂草主要有鸭舌草、慈姑、节节草、稗草等,相对于其他田段,恶性杂草较少,一般除草剂即可防除,现阶段以芽前除草剂丁草胺为主。秧田除草,不同的育秧方式选择不同的药剂和使用方法,旱育秧秧田细肥土,盖种后,以 2％浓度药液喷施一次。卷秧、塑料软盘育秧、机播硬盘育秧,因秧苗密度大,对杂草有抑制作用,一般不需防治杂草。湿润秧杂草主要发生在种子播后 15 天左右,芽前除草剂效果不显著,生产上推广稻杰等芽后除草剂,使用效果极为显著。稻杰的秧田使用浓度为 33～46 毫升/667 米^2,使用方法为药前排水,使杂草茎叶 2/3 以上露出水面,每 667 米^2 用药液 30 升茎叶喷雾,施药后 24～72 小时内灌水。大田除草一般在移栽后 7 天内结合第一次追肥进行,机播田、手播田每 667 米^2 用 60％丁草胺乳剂 75 毫升拌土施入。抛秧田由于秧根初期表露于土表层,为避免药害,应选择更为安全的"抛秧灵"等丁·苄类除草剂,使用方法同丁草胺。

直播田杂草危害相对较重,提倡 2～3 次化学除草:

①播前 5～7 天最后一次耙田时,每 667 米^2 施丁草胺 100～150 克,对水 10 倍左右,泼施于田面,并借助耙田使药液均匀分布。施后保水 5～7 天再排水播种。

②沙质田因土壤沉实,需耕平后即播种,除草剂宜在出苗后 7 天施用,选择安全性较好的丁·苄类,使用方法同抛秧。

③对于前两种方法施用后,田间杂草仍比较多的田段,可选用稻杰等芽后除草剂除草。施用期杂草叶龄 1～5 叶均可,每 667 米^2 施用量 40～80 毫升,加水 30 升茎叶喷雾,超过 5 叶应适当增加药量。对于免耕直播田,应在播前 20 天排干水,每 667 米^2 用 10％草甘膦 500 毫升加水 30 升茎叶喷雾封杀一次。喷后待杂草干枯后浇水开

畦上浆,除草处理同直播田。

5. 收割 双晚成熟期温度比较低,谷粒灌浆速度比较慢,生长正常的田块,适当延长灌浆期,提高谷粒充实度。晚稻收割以机收为主,收割前均应排干水,以方便收割机械运作。

四、海南省双季稻配套栽培技术

(一)软盘育秧与抛秧技术

水稻抛秧栽培就是通过用有孔塑料软盘育成各自分离而带有土块的秧苗,并抛入本田的一种栽培方法。由于具有不缓苗、早分蘖、多分蘖、分蘖成穗率和结实率高、株型较好、群体协调、省工、省秧田、省种子、不误农时、增产、增收、降低成本、易于推广等特点,因而 20 世纪 80 年代以后,逐步在海南省得到示范推广,经济效益显著。

1. 选种与育秧 一般每 667 米^2 选用 434 孔的秧盘 50～60 片为佳,早稻也可选用 561 孔的秧盘 50 片左右;要求种子破胸露白便可。择地做好水育苗秧板:选择土壤熟化度高的泥质肥田做秧田,要求盘土无石块、杂草等杂物。秧板宽度以横排两片秧盘的长度再在两边各加 5 厘米,秧畦沟宽一般为 30 厘米,沟中要留一定肥土和少许水拌制泥浆,并按每 667 米^2 秧田 20 千克用量施用复合肥。待秧板面沉实不裂时排盘装泥,秧板一定要平,盘间相互接触要紧密,秧盘底部要和板面紧贴,以防止秧苗吸水吸肥不匀,生长不平衡和出现死苗、弱苗和积水烂种的现象。拌泥装盘播种,将塑料软盘双行排放在秧板上,然后将秧畦沟中施肥拌匀的泥浆装入盘中,刮平、穴间不留余泥。装盘后播芽谷,要求杂交稻每穴 1～2 苗,每平方米播 100～150 克干谷,常规稻 3～4 苗,每平方米播 200 克干谷。播种后塌谷,使种子入泥。

2. 秧田管理 播后至出苗保持平沟水,出苗后每 1～2 天灌一次跑马水,保持盘土湿润。于 2 叶 1 心期追施复合肥 10～15 千克/667 米²。为了提高秧苗质量,减少抛栽时倒苗率,于秧苗 1 叶 1 心期喷施多效唑,可矮化秧苗,促进分蘖。抛秧成败的关键是解决秧苗串根问题。为防止串根,首先要刮清盘面的泥浆,勿使泥浆高于孔口;其次是坚持灌水平衡,保持盘土干干湿湿,防止大水漫灌、重混水灌和长期建水层。最后是严格控制秧龄和叶龄,早稻秧龄 20～25 天,晚稻为 12～14 天,其叶龄均为 3.5～4.5 片,切勿超过 4.5 片。在秧苗管理中要注意除草,可在秧苗出尖 1 厘米(叶片不展开前),每 667 米² 用 40%噁草灵 40 毫升,对水 80 升喷雾,喷药发现稗草,可在稗草 1.5 叶时每 100 米² 用敌稗 0.2 千克对水 10 升喷雾。抛秧前 2～3 天要停止灌水,让盘中的土块变硬,根土密结,以防拔苗、抛秧时土块粘连或散落。

3. 抛栽技术 抛秧对本田的要求:整地时要浅水耙,做到土壤烂糊,残茬清除,田面平,要求高低不过寸,寸水不露泥。同时,抛秧作业一定要在烂糊状态下进行,以利于秧苗直立扎入泥浆中,一般要求烂糊状态田整过 2 小时后抛秧为宜,沙质土田则随耙随抛。抛秧时期要看天看地因苗作业,一般阴天及晴天的傍晚作业最好。晴天上午及中午抛秧,应有薄水层,防止晒苗加重植伤。抛秧密度要根据海南的种植,抛秧密度以每平方米 25～30 穴为好,即每 100 米^2 抛 1.8 万～2.0 万穴。抛秧前将秧盘起出,将苗从盘孔中拔出装入筐中运往田间,拔秧时盘土不能过干、也不能过湿,如果过干,为了做到容易拔秧,可在盘秧上喷淋少许的水后立即拔秧;总之,要做到边起边拔边运边抛,防止秧苗萎蔫;遇到阴雨天气,可提早于抛秧前半天将秧盘掀起,搁于田埂或路边,让其盘孔土块变硬,以利于秧苗从盘孔中脱落出来,且不互相粘连在一起,为抛秧均匀提供保证。抛秧方法是用手抓一把秧苗向空中抛出 2 米高左右,使秧苗分散地落入田内,秧苗入土深度 1～2 厘米为宜,力求均匀直立。严防秧丛之间串根与土壤过湿形成粘连,若串根要用手分开。抛出的秧把不要太小或太大,每把按预定方向及范围准确地抛出,力求提高均匀度,一般分两批抛撒。第一批秧量为70%～80%,余下第二批抛,着重补稀、补缺角。抛撒先远后近,对田块宽度大的,应在田中间补空补稀。为防止撒苗不开,一般不顺风作业,要顶风抛秧,抛秧时最好有2～3 级风,作业前要消除人、畜脚印,以免局部水深浸秧。全田抛完后,每 5 米宽留一宽 33 厘米的空幅带,称为丰产沟,主要用于田间作业,即在田间拉绳,将其抛入丰产沟内的秧苗清出,补进稀处。同时,进行过密苗的分散和20%～30%秧苗全田的补缺,消除 0.1 米^2 内的无苗空白。

4. 施肥与灌水　抛后第二天灌浅水，以后的管理与插秧田相同。但由于抛秧分蘖早而多，且秧苗入土浅，易于倒伏，所以要注意控蘖，要求在苗量达穗的 80% 时看田看苗进行晒田，重的可晒到褪绿、田板发白开裂为止。这样既可以控制无效分蘖又可将田板晒硬，提高后期的抗倒性。另外，还要及时进行化学除草，以防止草荒。

5. 主要病虫草害防治　稻瘟病是华南稻区对晚稻危害较严重的病害。苗瘟和叶瘟主要采用三环唑：穗颈瘟每 100 米^2 用 20% 三环唑 75～100 克，对水 40 升，各喷药一次。也可用春雷霉素或加收米进行防治。早稻插秧后 7 天在第一次追肥时，每 100 米^2 用 60% 丁草胺 100 毫升拌尿素施用。晚稻插秧后 5 天追第一次肥时拌丁草胺施下。

(二)水稻直播技术

直播稻栽培是经过种子处理的稻种直接播到大田中，加上管理，使之出芽、成苗、分蘖一直到成熟的一种栽培方法。其栽培方式有两种，一是水直播，二是干直播。海南省应用较多的是水直播栽培。水直播稻只催芽不育秧，无须移植，节省劳动力和秧田面积，提高劳动生产率。目前在田多人少的地区，对于实现大面积平衡增产有一定价值，可以缓解生产上的被动局面。如因早稻播种遇上低温阴雨，造成严重烂秧，重播又耽误农时，采取直播可以补救。直播稻的产量，以往因耕作粗放，一般比移栽的产量为低。但随着农业生产的发展，不断改进耕作栽培技术，特别是化学除草剂的应用，直播产量显著提高，并有了新的生产应用意义。

1. 整地 整地是直播稻成败的关键，要做到精细整地，排灌畅通。一是要做到"五分水不现泥"，防止积水和干裂。二是要除净杂草。整地前先灌浅水诱发杂草，然后犁翻压草入泥沤烂，耙碎耙平。三是开好排灌沟，做到排灌自如。

2. 播种 保证出苗率、成苗率是直播稻夺取高产的基础。保证全苗除了整地，还要抓播期、防鼠、鸟害等措施。直播稻的播种期，应根据趋利避害充分利用当地的有利自然条件为原则。海南早稻直播稻播种期，一般可比移栽稻播种期迟 10 天左右，即 2 月下旬至 3 月中旬，晚稻直播期以 6 月下旬至 7 月上旬为宜，因为这样安排后，其抽穗扬花，成熟期基本与移栽稻一致，过早、过迟都会导致鸟害与病虫害。

直播稻主要依靠播足种子定苗，因此必须提高播种质量确保苗数。应从种子处理开始，做好晒种、盐水选种、种子消毒和浸种催芽工作。催芽要适中，一般当种子破胸露白便可播种。播种方法有点播和撒播两种，当前海南比较常用的为撒播播种，每 100 米² 本田播种量常规稻 4～6 千克，杂交稻 1.5～2.0 千克。撒播不但比点播用种量少，而且有利于发挥植株的生态优势，缩短生长期，争取季节，充分利用有利的光、温条件，提高结实率。特别是有利于水稻低位分蘖，分蘖速度快，成穗率高，植株矮，根系发达，后期熟色好。

防鼠、鸟害：海南省鼠、鸟害比较严重，特别是在山区,要保证全苗、确保苗数,就要做好防鼠、防鸟工作。播种前在直播田片,投放毒饵杀灭,播种后在老鼠活动路口、洞口装置电猫捕杀;防鸟主要是在播种后几天内(3叶期前),在田间立彩色标志,或鸣枪、燃鞭炮惊赶。

3. 除草 除草工作也是直播稻成败的技术关键。撒播稻用种量少,单株营养面积大,而且初期为湿润灌溉,有利于杂草生长,如不注意防除,将会出现草高过苗。特别是与稻苗同时长出的杂草造成水稻产量损失最大。一般使用除草剂除草效果好,投资少。除草剂以在播种前及3叶期施用为好。

4. 肥水管理 直播稻由于播种浅,根系虽粗,但分布浅,容易倒伏。另外,直播稻没有回青期,分蘖早,节位低,有利于长成有效穗,但也要注意防止分蘖过多,群体过大早封行。所以,必须加强肥、水的科学管理。

(1)施肥 直播稻本田营养生长期长,发育较快,分蘖多,吸收的养分也比较多,施肥次数和数量也要多些。一般比移栽稻增施一次中期肥,其方法是:除施足基肥外,要适当施秧针肥,重施断奶肥,及时施分蘖肥,增施中期肥,适当补施后期肥。

(2)排灌 直播稻的排灌原则是:湿润出针扎根,开叶薄水保苗,3叶浅水壮苗,分蘖浅水促蘖,达到计划苗数晒田控蘖壮秆,由于直播稻根系浅、晒田效果好,易达到控制后期无效分蘖,防止过早封行,改善后期群体透光通气条件。但因根浅,不能晒田过重,重晒会出现中期叶色退赤过多,影响幼穗形成。因此,直播稻宜抓好多露轻晒的管水方法。

5. 主要病虫草害防治 稻瘟病是华南稻区对晚稻危害较严重的病害。苗瘟和叶瘟防治主要采用三环唑,穗颈瘟每 100 米² 可用 20％三环唑 75～100 克,对水 40 升喷药一次。也可用春雷霉素或加收米进行防治。早稻插秧后 7 天在第一次追肥时,每 100 米² 用 60％丁草胺 100 毫升拌尿素施用。晚稻插秧后 5 天追第一次追肥时拌丁草胺施下。

(三)水稻旱育稀植栽培技术

1. 秧地选择与整畦 选择土质疏松肥沃的旱地或菜园地做秧地。整地时先进行翻耕,精细碎土,施用基肥。其用量大致为每 100 米² 施尿素 30 千克、过磷酸钙 95 千克、氯化钾 23.3 千克,并使肥料与土壤混合均匀,以防止肥害。除去杂质(杂草、石块等),然后根据地形整成秧畦,要求床宽 1.2～1.5 米,高 5～8 厘米,长度按田块而定,一般要求 8～10 米左右不等。用木板刮平畦面,若土壤 pH 值高的,再用硫黄粉进行床土调酸,因为水稻为喜酸性作物,要求 pH 值为 5.0～6.0。pH 值每降低 1.0 约用硫磺粉 100～150 克/米² 对水淋喷,接着准备播种。

2. 播种盖种 种子必须经过晒种、精选、消毒方可浸种、催芽,要求种子破胸露白即可。早秧播种量以每平方米秧地播 200～250 克为宜,力求播种均匀,播后用木板轻压种子入土,再用事前准备过筛的细土覆盖,厚度以不见谷种为好。盖土后浇水,使土壤湿润。如果有种子露出,就要加土覆盖。早稻育秧时秧较低,要及时覆盖薄膜,白天如秧床内温度达到 35℃以上时,要及时打开薄膜两侧通风换气。秧床过干要及时浇水保湿以利于出芽。晚稻育秧温度较高,要求早、晚要及时浇水以利于出苗成活。

3. 秧苗管理 播种后要勤浇水,保持土壤湿润,促进出苗整齐。秧苗 1 叶 1 心期喷 15% 多效唑可湿性粉剂,每平方米 0.2 克,对水 1.0 升。在 2.5 叶期和 4.0 叶期各施一次肥。把肥料溶解后加水均匀喷施,后用清水喷洗叶面,以免引起肥害。以后看地看苗酌情浇水施肥,做到土壤不见白,秧尾不发焦,叶色不落黄。5.5～6.0 叶期便可移植本田。在秧苗 1 叶 1 心期是喷除草剂的最佳时期,用除草剂一次性均匀喷洒。同时,为防治立枯病的发生,用敌克松对水喷洒消毒床土。

4. 施肥与灌水 在本田整地之前要求每 100 米^2 施农家肥 500 千克,然后翻压入田底充分腐熟。本田整个管理过程要求施 N:10～12.5 千克、P_2O_5:5～7 千克、K_2O:5 千克,N:P:K=1:(0.5～0.6):0.5。在第二次翻耕整地前,要求施用氮肥总量的 50%、钾肥的 60%、磷肥的 100% 作基肥。插秧返青后要及时追施促蘖肥,要求施用氮肥总量的 30%,倒二叶展开时追施氮肥总量的 10%、钾肥 40% 作穗肥。若长势过量或遇低温、多雨时可以不施氮肥。齐穗后追施叶面宝或田宝 4 号,以提高结实率和增加千粒重。

插植规格 29.7 厘米×16.5 厘米,2～3 株植,每 100 米^2 插 1.6 万～1.8 万丛,插植深度为 1.5～2.0 厘米,不

能深插,插后灌水至苗高 2/3 处进行护苗,分蘖期保持浅水 2～3 厘米。有效分蘖终期前 3～5 天,要排水晒田,结合苗情、肥田晒至田面见白根,叶色淡,一般晒 7～10 天,后逐步恢复正常水层。抽穗扬花期灌水深 5～6 厘米。灌浆蜡熟期间保持干湿交替,以湿为主,黄熟期排水落干至成熟收割。

5. 主要病虫草害防治 稻瘟病是华南稻区对晚稻危害较严重的病害。苗瘟和叶瘟主要采用三环唑防治,穗颈瘟每 100 米² 用 20％三环唑 75～100 克,对水 40 升喷药一次。也可用春雷霉素或加收米进行防治。草害防治:可于早稻插秧后 7 天在第一次追肥时,每 100 米² 用 60％丁草胺 100 毫升拌尿素施用。晚稻插秧后 5 天第一次追肥时拌丁草胺施下。

第七章　长江中游双季稻
配套栽培技术

一、江西省双季稻配套栽培技术

江西省双季稻配套栽培技术主要包括早、晚稻两项。

(一)双季早稻配套栽培技术

本技术适合江西省的平原和丘陵地区，以及周边省份生态类似地区。目标产量：每 667 米^2 550 千克，有效穗数 22.0 万～26.0 万，每穗总粒数 110～130 粒，结实率 75％～85％，千粒重 26.0～27.0 克。

1. 品种选择　选择金优 463、金优 458、淦鑫 203、两优 287、株两优 02、新丰优 22 等高产杂交组合。

2. 培育壮秧　提倡采用塑盘育秧和旱育秧。塑盘育秧，每 667 米^2 大田配足 434 孔秧盘 70 片或 564 孔秧盘 50 片；旱育秧每 667 米^2 大田需秧田面积 16.7 米^2（含沟）。每 667 米^2 大田用种量，杂交水稻 1.75～2.0 千克，常规稻 4.0～5.0 千克。

3. 适龄早栽，保证密度　秧龄 25 天左右进行抛（移）栽。提倡点抛，每 667 米^2 大田抛足 2.3 万～2.5 万丛；移栽采用 13.3 厘米×23.3 厘米或 16.7 厘米×20 厘米的株行距，每 667 米^2 大田保证 2.0 万～2.2 万丛，每丛 3 粒谷苗。

4. 肥水管理

(1)施肥 每 667 米^2 大田施 N 12 千克、P_2O_5 5～6 千克、K_2O 10 千克。耙田前每 667 米^2 施含 45% 的三元复合肥 40 千克,或钙镁磷肥 40 千克、尿素 10 千克。在移(抛)栽后 5～7 天,结合化学除草施分蘖肥,每 667 米^2 施尿素 6～7 千克,氯化钾 12 千克。在倒二叶抽出期(抽穗前 15 天左右)施穗肥,每 667 米^2 施尿素 7～8 千克和氯化钾 5 千克。

(2)水分管理 无水或薄水抛(移)栽,薄水返青,湿润分蘖,达到 18 万～20 万苗/667 米^2 晒田,足水孕穗扬花,干湿灌浆,收割前 5 天断水。

5. 病虫草害防治 坚持"预防为主,综合防治"的方针,在搞好农业防治、生物防治、物理防治的基础上,进行化学药剂防治。

(1)除草 移栽田:重点用药阶段在移栽后 5～7 天,防治药剂主要有丁·苄(丁草胺与苄嘧磺隆混剂)、丁·西(丁草胺与西草净混剂)、丁·噁(丁草胺与噁草酮混剂)、二氯·苄(二氯喹啉酸与苄嘧磺隆混剂)、乙·苄(乙草胺与苄嘧磺隆混剂)等。抛秧田:重点用药阶段在抛秧后 5 天,防治主要药剂有丁·苄、二氯·苄,禁止使用含有乙草胺、甲磺隆的除草剂,如乐草隆、精克草星、稻草畏、灭草王、新得力、杀草猛等。

(2)病虫害防治 若秧苗发生立枯病死苗时,在发病处用 300～500 倍敌克松或甲霜灵药液喷洒防治;为了预防早稻大田分蘖期的叶瘟和一代二化螟,抛(移)栽前每667米² 秧田用三环唑 50 克和螟施净 100 毫升,对水 45 升,均匀喷雾。

大田主要防好"三虫两病"。二化螟的主要防治时期在分蘖盛期,稻纵卷叶螟的主要防治时期在分蘖末期至孕穗期,可用杀虫双、杀虫单、螟施净(40%三唑磷乳油)、锐劲特(5%氟虫腈悬浮剂)等进行防治。稻飞虱的主要防治时期在灌浆期,可用吡虫啉、异丙威、噻嗪酮等进行防治。

稻瘟病在秧苗期防治的基础上,大田主要防治时期是破口抽穗初期,可用春雷霉素、灭瘟素、三环唑、稻瘟灵、瘟毕克(40%稻瘟灵与异稻瘟净乳油)等进行防治。纹枯病的主要防治时期是孕穗至抽穗期,防治药剂有井冈霉素、井·腊芽(井冈霉素与腊芽孢杆菌混剂)、多氧霉素、三唑酮等。

6. 适时收获 7月中旬,当稻谷成熟度达到85%～90%时,要及时组织收割机进行收割,并将稻谷晒干后销售,实现增产增值增收。

(二)双季晚稻配套栽培技术

本技术适合江西省的平原和丘陵地区,以及周边省份生态类似地区。目标产量:每 667 米² 550 千克以上,有效穗 18 万～21 万,每穗总粒数 130～150 粒,结实率 80%～85%,千粒重 25～28 克。

1. 品种选择 选择淦鑫 688、五丰优 T025、岳优 9113、天优 998、金优 207、丰源优 299 等优质高产杂交组合。

2. 培养壮秧 采用塑盘育秧或湿润育秧。塑盘育秧,每 667 米² 大田配足 434 孔秧盘 65 片;湿润育秧按秧田∶大田为 1∶10 配足秧田。每 667 米² 大田用种量,杂交水稻为 1.0~1.25 千克,常规稻为 3.5~4 千克。

3. 适龄早栽,保证密度 塑盘育秧秧龄 20 天左右进行抛栽,湿润育秧秧龄 25 天左右进行移栽。抛栽提倡点抛,每 667 米² 大田抛足 2.0 万~2.2 万丛;移栽采用 13.3 厘米×26.7 厘米或 16.7 厘米×20 厘米的株行距,每 667 米² 大田保证 1.8 万~2.0 万丛,每丛 2 粒谷苗。

4. 肥水管理

(1)施肥 每 667 米² 大田施 N 14 千克、P_2O_5 5~6 千克、K_2O 12 千克。在稻草还田基础上,每 667 米² 施含氮磷钾 45% 的复合肥 40 千克或尿素 13~14 千克、钙镁磷肥 40 千克作基肥。在移(抛)栽后 5~7 天结合化学除草施分蘖肥,每 667 米² 施尿素 5 千克、氯化钾 12.5 千克。在倒二叶抽出期(约抽穗前 15~18 天)施穗肥,每 667 米² 施尿素 10~12 千克和氯化钾 5~6 千克。

(2)水分管理 薄水抛(插),浅水活棵,湿润分蘖,达到 16~18 万/667 米² 苗时开始晒田,足水保胎,有水抽穗扬花,干湿灌浆,收割前 7 天左右断水。

5. 病虫草害防治 秧田期注意防治稻蓟马、稻飞虱、二化螟和三化螟;分蘖期注意防治二化螟;孕穗期注意防治纹枯病、稻纵卷叶螟和细菌性条斑病,破口抽穗初期以防治二化螟、稻飞虱、稻曲病为重点。稻蓟马和叶蝉可用

20％吡虫啉进行防治；稻曲病在水稻抽穗前 5～10 天，每 667 米² 用 12.5％纹霉清水剂 400～500 毫升，或 5％井冈霉素水剂 400～500 毫升，对水 50 升喷雾；细菌性条斑病，每 667 米² 用 10％叶枯净（杀枯净）可湿性粉剂 200 倍液，或 50％敌枯唑（叶枯灵）可湿性粉剂 1 000 倍液，50 升喷雾进行防治。稻瘿蚊尽管是局部性害虫，但近年有逐步北扩之势，可用 25％喹硫磷乳油或 10％吡虫啉可湿性粉剂进行防治。杂草和其他病虫害防治药剂同早稻。

6. 适时收获　当稻谷成熟度达 90％～95％，稻谷含水量 18％～21％时，要抢晴进行人工或机械化收割。做到边收获边脱粒。收割后切忌长时间堆垛以免污染和品质下降。

二、湖南省双季稻配套栽培技术

湖南省双季稻优质高产配套技术主要包括早、晚稻生产关键技术两项。

（一）双季早稻配套栽培技术

本技术主要适用于在长江中游地区的双季早稻生产中推广应用，稻田前作可为绿肥，也可为冬季休闲。湖南北部的洞庭湖环湖平原丘陵地区、湖北江汉平原和鄂东南低山丘陵地区，适宜选择早熟或中熟品种；湖南中部和南部的低山丘陵地区，适宜选择中熟或迟熟品种。目标要求：每 667 米² 产量 550 千克，有效穗数 20 万左右，每穗粒数 120 粒以上，结实率 80％以上，千粒重

26.0～27.5 克。

1. 育秧与移栽 早稻采用旱育秧和湿润育秧,旱育秧秧田应选择背风、向阳、灌溉方便的稻田或菜地。旱育秧每 667 米² 本田备足 20 米² 秧床,塑盘育秧每 667 米² 本田备足 70 盘秧(308 孔)或 45 盘秧(513 孔),湿润育秧每 667 米² 备足 55 米² 秧床(不包括秧沟)。在春节前翻耕和平整秧床。旱育秧在春节前每 100 米² 秧床施腐熟的人、畜粪肥 300～400 千克,边施肥边耙碎土壤。在播种前,施用 800 倍液的敌克松等杀菌剂浇湿土壤。湿润育秧在播种前 7 天,每 667 米² 秧田施腐熟的人、畜粪肥 1 000～1 250 千克,播种前 5 天,每 667 米² 秧床施 30 千克复合肥($N+P_2O_5+K_2O\geqslant30\%$),边整地边施肥,用木板平整和压实秧床。塑盘秧在播种前 2 天,用多功能壮秧剂拌过筛细土拌匀,先装满盘孔的 2/3,播种后覆盖细土。

在湖南省北部的洞庭湖环湖平原丘陵地区、湖北省江汉平原和鄂东南低山丘陵地区采用旱育秧,适宜播种期在 3 月 25～30 日,在湖南省中部和南部的低山丘陵地区采用旱育秧,适宜播种期在 3 月 20～25 日。如果采用湿润育秧,播种期要适当推迟。杂交稻大田用种量 2.0～2.5 千克/667 米²,旱育秧每平方米 100～110 克,塑盘育秧每盘 30～35 克(308 孔),湿润育秧每平方米约 40 克。常规稻大田用种量 4 千克/667 米² 左右,播种量比杂交稻增加 1 倍。播种后,旱育秧和塑盘育秧要加盖细土和浇水,湿润育秧要用木板泥浆踏谷,搭拱盖膜。

不论是旱育秧,还是塑盘旱育秧,均采用移栽,或者摆栽。移栽密度为每平方米 30 丛左右(每 667 米² 2.0 万丛),每丛插 2 本苗。一般株行距为 16.5 厘米×19.8 厘米或 13.2 厘米×23.1 厘米。抛栽省工省力,但秧苗分布不均匀,影响水稻群体生长发育和产量形成,生产上应提倡改抛栽为摆栽。目前生产上普遍存在的问题是栽插的基本苗不够和栽插密度过稀,特别是抛栽,田间分布不均匀。因此,生产上应保证插足基本苗和提高栽插质量。适宜移栽时间在播种后 20～25 天,或者在秧苗 3.7～4.1 叶期移栽或抛栽。如果采用湿润育秧,秧龄不要超过 30 天。

2. 肥水管理　根据目标产量、土壤供肥能力和肥料养分利用率确定肥料用量,做到氮肥、磷肥和钾肥的平衡施用。以湖南省水稻主产县为例,种植超级稻的基础地力产量为双季稻 200～300 千克/667 米²,氮肥的吸收利用率为 40%～45%,每生产 1 000 千克稻谷需 N 16～18 千克、P_2O_5 3.0～3.5 千克、K_2O 16～18 千克,氮肥作基蘖肥与穗肥的比例为 7:3 左右,以及叶色卡测定的阈值为 3.5～4.0。其中,氮肥分为基肥(50%)、分蘖肥(20%)、穗肥(30%)施用(表 7-1)。氮肥要求测苗施肥,即叶色深(叶色卡读数 4.0 以上)适当少施,叶色淡(叶色卡读数 3.5 以下)适当多施。由于目前还没有养分缓慢释放的复合肥,生产上应当提倡复合肥既作为基肥施用,又作为追肥施用,以提高肥料养分的利用率。

表 7-1　推荐的超级早稻施肥时间和施肥量

肥料用途	施肥时间	肥料种类	按目标产量的肥料用量 (千克/667 米²)	
			500	550
基 肥	插秧前 (前 1~2 天)	尿　素	9~11	10~12
		过磷酸钙	30~35	35~40
		氯化钾	4~5	5~6
分蘖肥	插秧后 (后 7~8 天)	尿　素	3~5	4~6
穗　肥	幼穗枝梗颖花期 (幼穗白毛现)	尿　素	4~6	5~7
		氯化钾	4~5	5~6

注:复合肥的用量要根据其养分含量确定,基肥尿素可以用碳酸氢铵代替。下同

　　采用好气灌溉,在灌水后自然落干,2~3 天后再灌水,再落干,直到成熟。在早稻生长期间,除水分敏感期(孕穗期至抽穗期)和用药施肥时采用浅水灌溉外,一般以无水层或湿润露田为主,即浅水插秧活棵,薄露发根促蘖。当每 667 米² 茎蘖数达到 18 万苗(杂交稻)或 25 万苗(常规稻)时,开始排水晒田,以泥土表层发硬(俗称"木皮")为度。分蘖期间(5 月中下旬)阴雨天多,在有效分蘖终止期开好腰沟和围沟,以便排水晒田,提高控制分蘖的效果。抽穗期以后,采用干湿交替灌溉,至成熟前 5~7 天断水。生产上不要断水过早,以免影响籽粒结实和成熟。由于近年机械收割发展快,需要提前干田,最好是在水稻分蘖期开腰沟和围沟,以便排水晒田,控制无效分蘖。同时,开沟也有利于成熟前田间排水,便于机械

收割。

3. 病虫草害防治　拔秧前 3～5 天喷施一次长效农药,秧苗带药下田。大田期要重点防治二化螟、纵卷叶螟和稻飞虱,认真搞好田间病、虫测报,根据病、虫发生情况,严格掌握各种病虫害的防治指标,确定防治田块和防治适期。一般可选用阿维菌素、乐斯本、扑虱灵等。各主要病虫害、农药及防治方法见表 7-2。生产中可以对并发的病虫害同时进行综合防治。杂草的防除每 667 米^2 用丁·苄 100～120 克,对水 30 升喷施,其他移栽稻除草剂,或者抛栽稻除草剂等,均可拌肥于分蘖期施肥时撒施并保持浅水层 5 天左右防治杂草。

表 7-2　推荐的超级早稻主要病虫害的防治方法

病虫害	施用方法与每 667 米^2 用量	防治时期
稻纹枯病	5% 井冈霉素 100 毫升＋水 50～60 升,或 2% 多抗霉素 5 克＋水 50～60 升,喷雾	分蘖期病穴发病率 5%～10% 孕穗期病穴发病率 10%～15%
稻曲病	25% 粉锈宁 50 克＋水 50 升,或 5% 井冈霉素 150 毫升＋水 50～60 升,喷雾	孕穗期至破口期(预防) 孕穗期至齐穗期(防治)
二化螟	20% 三唑磷 100 毫升＋水 50 升,或 5% 氟虫腈 30 毫升＋水 50 升,喷雾	分蘖期每 667 米^2 有 90 个枯鞘团 孕穗期每 667 米^2 有 100 个卵块

续表 7-2

病虫害	施用方法与每 667 米² 用量	防治时期
稻飞虱	20％噻嗪酮 25～30 克＋水 50～60 升，或 25％吡蚜酮 30 克＋水 50～60 升，喷雾；或敌敌畏 50 毫升，拌毒土撒施	分蘖期 100 头若虫/100 穴孕穗期 300 头若虫/100 穴
稻纵卷叶螟	25％杀虫双 200 毫升＋水 50 升，或 25％辛硫磷 100 毫升＋水 50 升，喷雾	分蘖期 30 头幼虫/100 穴孕穗期 20 头幼虫/100 穴

注：主要根据当地植保部门的病虫情报确定。下同

4. 适时收割　早稻的适宜收割时间一般在齐穗后 28～30 天，即当 85％以上籽粒黄熟时才能收割。早收 3 天，每 667 米² 将减产 30 千克以上，因此生产上要防止割青。如果采用机械收割，在断水前要清理腰沟和围沟，一般在成熟前 7～10 天断水，生产上不要断水过早，以免影响籽粒灌浆结实。

（二）双季晚稻配套栽培技术

　　本技术主要适用于在长江中游地区的双季晚稻生产中推广应用，也适合于前作为春玉米、春大豆或烤烟等作物的两熟制晚稻生产中应用。品种选择根据早稻品种的成熟期，选择适宜生育期的晚稻品种，既要保证晚稻能够在 9 月 10～15 日前安全齐穗，又要保证晚稻秧龄不超过 30 天。湖南省北部的洞庭湖环湖平原丘陵地区、湖北省江汉平原和鄂东南低山丘陵地区，适宜选择早稻早熟品

种,搭配晚稻中熟品种,或者早稻选择中熟品种,晚稻搭配早熟品种;湖南省中部和南部的低山丘陵地区,适宜选择早稻中熟品种,搭配晚稻迟熟品种,或者早稻选择迟熟品种,晚稻搭配中熟品种。目标要求:每 667 米² 产量 550千克,有效穗数 16 万左右,每穗粒数 135 粒以上,结实率80％以上,千粒重 26.5～29.5 克。

1. 育秧与移栽　湿润育秧适宜播种期中熟品种在 6月 20～23 日,迟熟品种在 6 月 15～18 日,特迟熟品种 6月 8～10 日,秧龄 25～30 天。中熟品种可采用塑盘湿润育秧。播种量为 20 克/米²,塑盘 22～25 克/盘(353 孔/盘或 308 孔/盘),大田用种量约 1.5 千克/667 米²,争取移栽前秧苗带蘗。特迟熟品种还应适当稀播。旱育秧播种期应提早 2～3 天。秧田出苗前采用湿润灌溉,出苗后1 叶 1 心期在秧厢无水条件下每 667 米² 喷施 300 毫克/升多效唑(即,每 667 米² 秧田用 15％的多效唑 200 克,对水 100 升)溶液,喷施后 12～24 小时灌水,以控制秧苗高度,促进秧苗分蘗。

晚稻在早稻收割后每 667 米² 用克无踪 250 毫升,对水 36 升在无水条件下均匀喷施,杀除稻茬和杂草,再泡田 1～2 天软泥后拉绳摆栽,适宜移栽或摆栽密度为每平方米 25 穴左右(每 667 米² 1.67 万穴),每穴插 2 本苗。一般株行距为 19.8 厘米×19.8 厘米。最好在每平方米不少于 25 穴的前提下,采用宽行窄株,即 16.5 厘米×23.1 厘米移栽,即行距可以适当增大,株距可以相应缩小。这样有利于控制株高,提高成穗率,减少纹枯病和其他病虫害的发生概率。对于机械化收割的稻田,最好采用稻草还田翻耕移栽。适宜移栽时间在播种后 25～30 天,或者在秧苗 6～7 叶期移栽,秧龄期最迟不超过 35 天,即最迟在秧苗 8 叶期以前移栽,塑盘秧相应提早。

2. 肥水管理 根据目标产量、土壤供肥能力和肥料养分利用率确定肥料用量。生产上既要注意氮肥、磷肥和钾肥的平衡施用,也要注意氮肥在前、中、后期的平衡施用,其中氮肥的基肥、蘖肥和穗肥的使用比例与早稻相同。

采用好气灌溉,在灌水后自然落干,2～3 天后再灌水,再落干,直至成熟。在整个水稻生长期间,除水分敏感期(孕穗期至抽穗期)和用药施肥时采用间歇浅水灌溉外,一般以无水层或湿润灌溉为主,使土壤处于富氧状态,促进根系生长,增强根系活力。通过灌溉措施,调节根系生长,提高肥料的利用率,提高结实率和充实度。采用有水插秧活棵,薄露发根促蘖,在田面无水时施用分蘖肥和穗肥,结合施肥灌浅水,达到以水带肥的目的。当茎蘖数达到计划穗数的 85% 时,或者当每 667 米^2 达到 18 万～20 万苗时(每穴 10～12 个茎蘖)开始多次轻晒田,以泥土表层发硬(俗称"木皮")为度,营养生长过旺的适当重晒田。打苞期以后,采用干湿交替灌溉,至成熟前约 10 天断水。由于近年机械收割发展快,需要提前干田,最好是在水稻分蘖期开腰沟和围沟,以便排水晒田。

3. 病虫草害防治 播种时用 35% 好安威拌种能有效控制秧田期害虫的发生,在秧田期拔秧前 3～5 天喷施一次长效农药,秧苗带药下田。大田期要重点防治二化螟、稻纵卷叶螟和稻飞虱。在农药的选择上,生物农药一般对目标害虫有较强的选择性,但速效性不是太好,一般可选用阿维菌素、乐斯本、扑虱灵等。其中:杂草的防除每 667 米^2 用丁·苄 100～120 克,对水 30 升喷施,其他移栽稻除草剂,或者抛栽稻除草剂等,均可分蘖期施肥时拌肥撒施并保持浅水层 5 天左右防治杂草;晚稻抽穗期间阴雨天多,容易引发稻曲病和稻粒黑粉病,注意在破口期至始穗期喷施粉锈宁、爱苗等,预防稻曲病和稻粒黑粉病。各主要病虫害、农药及防治方法与早稻同,生产中可以对并发的病虫害同时进行综合防治。需要指出的是,病虫害防治时间和具体用药应根据当地植保部门的病虫情报确定。

4. 适时收割　晚稻的适宜收割时间一般在齐穗后 40～45 天,即当 90％以上的籽粒黄熟时才能收割,以提高籽粒充实度。如果采用机械收割,在断水前要清理腰沟和围沟,一般在成熟前 7～10 天断水,不要断水过早,以免影响籽粒灌浆结实。

三、湖北省双季稻配套栽培技术

(一)双季稻单产 1 000 千克/667 米^2 配套栽培技术

1. 优选品种,合理播期　早晚连作稻区采用早、晚稻中熟品种合理搭配,早稻选用两优 287 和鄂早 18,晚稻选用金优 207、鄂粳杂 3 号等。

2. 控制秧龄,培育壮秧　早稻 3 月底、晚稻 6 月 10 日左右播种。早、晚稻秧龄控制在 30 天以内,晚稻秧龄控制在 35 天以内。每 667 米^2 早稻用种 2 千克,晚稻用种 1 千克,浸种 2～3 小时后用"旱育保姆"拌种,以培育壮秧。

3. 宽行窄株,合理密植　移栽株行距均为 13.2 厘米×19.8～26.4 厘米,每 667 米^2 2.5 万穴,每穴 2～3 谷苗移栽,插足 10 万基本苗。

4. 好气管水,保证穗数　分蘖前期浅水插秧活棵,薄露发根促蘖;幼穗分化至抽穗开花期浅水促大穗,保持水层 2 厘米左右;分蘖后期及时晒田控苗,当苗数达预期穗数的 80% 时开始晒田,总穗数控制在有效穗数的 1.2～1.3 倍,保证足够的有效穗;灌浆结实期湿润灌浆壮粒,灌跑马水直至收割前 1 周断水,做到厢沟有水,厢面湿润。

5. 科学施肥,提高结实率　一般每 667 米^2 施 N 10～14 千克,N∶P$_2$O$_5$∶K$_2$O 为 2∶1∶2。氮肥的施用要"减前增后,增大穗粒肥用量",基肥、分蘖肥、穗肥比例为 5∶3∶2。基肥中每 667 米^2 施 N 5～7 千克,P$_2$O$_5$ 5 千克,K$_2$O 10 千克,优质农家肥 800～1 000 千克;分蘖肥在移栽后 5～25 天内分 2～3 次追施,抽穗后 10～15 天视苗情施尿素 2～3 千克作粒肥,以提高结实率。

(二)双季稻"早直晚抛"轻简栽培技术

"早直晚抛"为早稻直播、晚稻旱育抛栽特色的双季稻轻简稻作技术。该技术早稻不经过秧田育秧,种子催芽破胸后直接撒播到大田;晚稻用"旱育保姆"包衣种子后,旱育带土块的秧苗,抛栽定植到大田。该技术简单易行,省工省力,生产成本低,劳动强度轻,增产增效。

1. 品种和田块选择　以水稻生育特点、适应性和稻米品质为依据,选择茎秆粗壮、生育期适宜、抗倒伏力强的优良品种。早稻品种可选用鄂早 18 和两优 287;晚稻品种可选用中九优 288 和荆楚优 148。选择排灌条件好的冬闲田,低洼积水田、冷浸田一般不宜直播。

2. 早稻直播　大田整地质量要求做到"早、平、适、畅"。"早"即早翻耕;"平"即田面平,田面不平,易造成播种后田间水分管理不均衡,影响成苗率,同时也不利于提高化学除草效果;"适"即畦面软硬适中,防止田面过软,一般做畦后隔日播种;"畅"即沟渠畅通,要开好横沟、竖沟和围沟。同时施足基肥,播前 1 天放干田内水。每 667 米^2 鄂早 18 用种 5 千克,两优 287 用种 2.5～3 千克。3 月底至 4 月 5 日播种,要求分厢定量,少量多次,均匀撒播。秧苗在 2～4 叶期进行匀苗,移密补稀,确保全田均匀。播种后 5～7 天,秧苗立针现青后即可进行化学除草,每 667 米^2 田用扫弗特 100 毫升,对水 40 升喷雾,或用直播星、直播净等直播田除草剂,稗草多的田,2 叶 1 心时用杀稗王除一次稗草。采用平衡施肥,氮、磷、钾的合理配比为 2∶1∶1,每 667 米^2 施 N 9～11 千克,基肥∶分蘖肥∶穗肥＝5∶3∶2,做到"少吃多餐"。科学管水。正常气候条件下,播种后 4～6 天内采用干旱管理,促根系下扎,促全苗。特别注意:播种后如遇倒春寒,则应放干田水和施草木灰防寒保温,千万不能灌深水,防止芽谷缺氧窒息。秧苗1.5~2叶期上2厘米以下浅水层,结合化学除草。中后期干湿交替,湿润为主,苗数达到20万时,及时搁田,浅水抽穗扬花,湿润灌浆,收割前7天断水。重点防治螟虫、飞虱、稻纵卷叶螟等害虫。

3. 晚稻抛栽　选用菜园地、高爽旱地或易排水的水田做苗床。每667米² 大田备40~50米² 的苗床。播种前浇一次透水,达到厢面5~10厘米土层水分饱和方可播种。每667米² 大田用种1.5~2千克。6月15~23日播种,秧龄25~28天。选用籼稻专用型旱育保姆。一般用2袋“旱育保姆”拌667米² 大田种子量(1.5千克杂交种)。拌种方法是先将“旱育保姆”倒入盆中,再逐步加入种子簸动拌匀,让药剂充分包裹在种子上。注意药剂拆封后要及时拌种,拌药后的种子要及时播种以免凝结成块。播种后撒细土盖种,厚度以1~2厘米为宜,盖土后喷施旱地育秧除草剂除草,盖草保湿。大田耕翻要达到“浅、平、糊、净”的标准。抛秧时保持大田泥皮水。“旱育保姆”旱育秧在抛栽前一天,对苗床浇水湿透,便于形成土球。抛秧应选在晴天或阴天进行,避免在高温天上午或大雨天操作。抛植密度要根据品种特性、秧苗素质、土壤肥力、施肥水平、抛秧期及产量水平等因素综合确定。一般每667米² 抛2.0万~2.2万丛。抛秧后4~5天,结合施肥施用抛秧田除草剂,如可选用18.5%抛秧净20~25克或53%苯噻·苄35~40克拌细土或尿素后撒施灭草,并保持田水 3～5 天。抛后实行"无水层扎根、浅水扶苗"灌溉技术,加速立苗过程。抛后 3 天内保持田面湿润,抛后第四天灌浅水,上水扶苗。立苗后浅水灌溉,加速发苗分蘖。当群体茎蘖数达预期穗数 70％～90％时提早搁田控制,控制中期群体规模,防止群体过头恶化,减少无效生长,提高成穗率,为产量形成期的健壮生长创造条件。抛植秧苗前期发苗快,氮肥使用适当后移,基蘖肥与穗肥的比例为 6：4,以利于高产群体的形成。要切实做好稻瘟病、纹枯病、白叶枯病及三化螟、稻纵卷叶螟、稻飞虱等病虫害的防治。

第八章　长江下游双季稻配套栽培技术

一、安徽省双季稻配套栽培技术

(一)双季稻北缘稻区"稀、长、大"栽培技术

针对安徽省双季稻北缘地区光、热资源不足的生产实际,安徽省农科院水稻研究所提出并建立了双季稻"稀、长、大"栽培技术体系,其中的稀是稀播,长为长秧龄,大指大穗。通过稀播及化学调节,培育长秧龄多蘖壮秧,促进群体大穗的发育。该技术原理是依据水稻生长发育规律,通过大幅度降低播种量和加大化学调控,抑制秧苗顶端生长优势,促进低节位分蘖发生和增长,增大秧龄弹性。适当延长秧龄,使秧田分蘖增大增多,减少移栽导致的死蘖空位,发挥低位分蘖的大穗优势,通过基肥与返青促蘖肥的合理施用,促进本田分蘖和颖花分化,进一步促进大穗,从而形成群体大穗,同时利用水稻生育转换自身抑制无效分蘖,提高成穗率,无须重烤田,对苗体无伤害,使之始终处于良好的环境下生长发育,形成高质量的群体。

1. 品种选择　选择生育期适中偏长、穗形较大、耐肥抗倒的品种。

早稻:香两优 68、早籼 15、嘉育 948 等,全生育期 110 天左右,播始历期 80~85 天。

连作晚稻:武运粳 7 号、晚粳 9707 等,全生育期 130~135 天,播始历期 85~90 天。

2. 育秧与移栽　早稻保温育秧。一般播种期早稻在 3 月 15~20 日,连作晚稻在 6 月 15~20 日。杂交稻早稻每 667 米^2 播种 12.5 千克,连作晚稻播种 10 千克左右,旱育秧按 40~50 克/米^2 播种量播种;常规稻早稻每 667 米^2 播种 25 千克,连作晚稻播种 20 千克左右,旱育秧按 75~100 克/米^2 播种量播种。浸种催芽方法与一般大田相同,但选种后必须用"壮禾增"或烯效唑溶液浸种,进行第一次化学调控。常规早稻浸 60~72 小时,杂交稻 24~36 小时,中、晚稻日浸夜露至破胸,浸种后用清水洗净催芽。由于秧龄长,大田分蘖期短,分蘖有限,要靠插足基本苗得到必要的有效穗数。根据调查和试验早稻每 667 米^2 获 500 千克以上产量,每平方米要栽 45 穴左右(13.3 厘米×16.7 厘米),每穴栽 6~7 蘖苗;双晚每平方米需栽 38 穴左右(13.3 厘米×20.0 厘米),每穴栽 5~6 蘖苗。

3. 肥水管理　由于"稀、长、大"栽培法本田前期秧苗处于营养生长和生殖生长并进时期,需肥量大,要满足养分供给和营养平衡。一般基肥每 667 米^2 施腐熟的有机肥 1 000 千克(或饼肥 50 千克)、尿素 10~15 千克、过磷酸钙 30~40 千克、氯化钾 10 千克。栽后 5~10 天,追施尿素 5~10 千克;栽后 25 天左右,当幼穗长度达 1~1.5 厘米时,追施 5~7.5 千克尿素作保花肥,防止颖花退化,提高成穗率和结实率。对中稻大穗型品种或杂交组合，在始穗期再施尿素 5 千克，以提高结实率和千粒重。

采用浅水灌溉、干湿交替。浅水耕耙，浅水栽插活棵，栽后 5～7 天内自然落干，晾田 2～3 天促根生长，再追肥覆浅水促分蘖。栽后 20 天左右，苗蘖数达每穴 10 苗左右进行烤田，烤至田不陷脚即可上浅水或灌跑马水（遇阴雨天敞开田缺口，至不陷脚为止），干湿交替，至抽穗期前后各 15 天左右，保持浅水层，后期干干湿湿，但断水不可过早，一般在收割前 7 天左右断水为宜。

4. 综合防治病虫草害　早稻活棵后结合追肥，每 667 米² 用 30％丁·苄可湿性粉剂 80～100 克，或禾草丹乳油 100～125 毫升，拌细潮土 20 千克在露水干后撒施，保持浅水层 4～5 天，忌水淹稻株心叶。早稻重点防治二化螟、三化螟、稻蓟马、稻飞虱、稻瘟病和纹枯病等。稻蓟马，每 667 米² 用 10％吡虫啉 20 克，对水 40 升喷雾防治；二化螟、三化螟的防治需根据病虫预报卵孵高峰期时及时进行，每 667 米² 用 40％三唑磷 70 毫升，加 90％杀虫单 60 克，对水 40 升均匀喷雾；稻飞虱百丛虫量达 1 500 头时，每 667 米² 用含 20％以上吡虫啉有效用量 4～5 克，加 90％杀虫单 70 克，对水 40 升均匀喷雾。稻瘟病苗、叶瘟病叶率 10％的稻田，用 75％三环唑 60 克，对水 40 升均匀喷雾；纹枯病病丛率达 30％时，每 667 米² 用 500 万单位井冈霉素粉剂 25 克，对水 50 升喷雾。

晚稻主要病虫害有二化螟、三化螟、稻纵卷叶螟、稻飞虱、稻瘟病、纹枯病和稻曲病等，且病虫危害程度较早稻严重,要及时发现及时防治。稻纵卷叶螟百丛幼虫达 60 头,每 667 米² 用 90％杀虫单 70 克,加含量 20％以上 吡虫啉有效用量 4～5 克,对水 40 升均匀喷雾,兼治稻飞 虱。稻曲病在破口前 7 天预防,每 667 米² 用 20％三唑酮 乳油 100 毫升,对水 60 升喷雾预防,稻曲病重发年份间隔 7 天后再用药防治 1 次。

(二)双季早育无盘抛秧栽培技术

　　双季稻劳动强度大,且近年农村青壮年外出打工多, 轻型、高效栽培是安徽省双季稻生产发展的趋势。针对 常规塑盘育秧秧盘孔径小、营养泥团少,且秧龄弹性小, 容易受旱致使秧苗素质差、管理要求高等缺点;加之旱育 秧和湿润育秧存在拔秧难、秧苗根部带土少、不易抛栽等 缺点。采用"旱育保姆"包衣种子,培育具有一定秧龄弹 性的根部带有保水球便于抛栽的壮苗,实施直接抛秧栽 培,从而克服了塑盘育秧和传统育秧技术的缺陷。经试 验和示范表明,该育秧方法具有工序简便、节省秧盘、节 省秧地、节省种子、秧龄弹性大、素质好、拔秧方便、秧根 带土易抛、抛后立苗快等鲜明的技术优势。对早稻因为 干旱或者冬种作物影响不能及时移栽,需延长秧龄的,以 及对连作晚稻感光型品种要求提前播种,延长生育期,确 保晚稻产量的,尤为必要。

　　1. 品种选择　鉴于水稻抛秧栽培扎根较浅,落田苗 较多的生产实际,品种要求穗大粒多、分蘖中等、矮秆抗 倒。早稻选用矮秆抗倒、分蘖力中等或较强,生育期 105～110 天的中熟高产优质品种(组合),如早籼 14、早籼65、嘉育948、早籼15和香两优68等；晚稻选用125～130天左右的中熟高产优质品种（组合），如皖稻111、培两优98、武运粳7号等。

2. 育秧与抛栽 选择肥沃、地势较高、排灌方便、运秧便捷的稻田或菜园地做秧床。提前培肥，冬季每667米^{2}施经无害化处理的农家肥2000千克，播种前20天施45%三元复合肥50千克、氯化钾5千克、尿素10～15千克培肥秧床。早稻每667米^{2}大田需秧床30米^2，晚稻抛秧需稀播育大苗，每667米^{2}准备苗床面积35～40米^2。早稻3月20～30日播种，每667米^{2}大田常规品种用种量3.5～4.0千克，杂交组合用种量2.5～3.0千克。秧龄25～30天。连作晚稻6月20日左右播种，每667米^{2}大田常规品种用种量4.0千克左右，杂交组合用种量2.5千克左右。接早茬秧龄25天左右，接中、晚茬秧龄30～35天。晒种1～2天，播种前浸种0.5～8小时。浸种后捞起沥至不滴水即可拌种。将"旱育保姆"按350克/袋拌1千克种子的比例拌种。先将"旱育保姆"倒入圆底的盆中，再将种子逐步加入，边加边搅拌边滚动，直到将种子拌完为止。拌种后30分钟内需播完种，以防药剂吸水结团撒不开（如遇结团情况可用细泥粉搓至散开再播种）。均匀播种，先播70%，再用30%补匀，播种后用细泥土或草皮灰盖种，淋水一次，再用水稻旱育秧除草剂喷施厢面，防除稗草和杂草。最后铺地平盖地膜，保温保湿。连作晚稻育苗盖膜后要盖草，防烈日高温烧种烧芽烧苗。早稻揭膜后如遇低温可用拱棚盖膜保温。加强苗床管理，培育壮秧。

当早稻秧龄 25 天左右，平均叶龄 4～5 叶时和晚稻秧龄 22～25 天左右，平均叶龄 5～6 叶时进行大田抛秧。抛秧大田要现耕现整，田面尽量平整，保持薄皮水层。按 3 米间距开好"川"字形排水沟及四周沟，要求达到田平、面净、泥糊、肥融的要求。早稻基肥每 667 米² 施过磷酸钙 35 千克、尿素 10～12 千克、氯化钾 6～7 千克、硫酸锌 1 千克；早稻尽早抢收后，耕前施足基肥，每 667 米² 施过磷酸钙 40 千克、尿素 13～15 千克、氯化钾 8～10 千克，经无害化处理的农家肥 1 000 千克或饼肥 50 千克。选择阴天或晴天傍晚，大田水层降至 1～2 厘米时抛栽。抛秧时应尽量抛高、抛远。每 667 米² 早稻抛植 3.0 万丛左右，连作晚稻抛植 2.5 万～2.8 万丛，迟茬抛栽 3.0 万丛左右。先抛总量的 2/3，沿预留的排水沟捡出一条 30 厘米宽的操作行，再将余下的 1/3 秧苗沿操作行两侧补缺补稀，并用竹竿间密补稀。抛后开好大田平水缺口，防下雨积水引起倒苗、漂秧。

3. 肥水管理 早稻抛栽后 5 天左右，每 667 米² 施尿素 5～7 千克。主茎幼穗长达 1.0～1.5 厘米时，每 667 米² 施尿素 5 千克，氯化钾 5 千克；群体偏大、叶色浓的尿素推迟施。破口期每 667 米² 施氯化钾 3 千克，叶色偏淡的补施尿素 2～3 千克。抛栽后露田至活棵，活棵后保持湿润。当每穴茎蘖数达 8～9 个时排水晒田，多次轻晒，抽穗前后 15 天保持 3 厘米浅水层，中途要落干 1～2 次。后期干干湿湿，收获前 7 天左右断水。

晚稻抛栽后 5～7 天,每 667 米² 施尿素 8～10 千克。主茎幼穗长达 1.0～1.5 厘米时,每 667 米² 施尿素 5 千克、氯化钾 7 千克。破口期 667 米² 追施氯化钾 3～4 千克,叶色偏淡的补施尿素 3 千克。

抛后阴雨天露田,晴天留薄水至活棵,当每穴茎蘖数达 8～9 个时或至 8 月 15 日左右及时落水晒田,多次轻晒,抽穗前后 15 天保持浅水层,后期干干湿湿,收获前 7 天左右断水。

4. 病虫草害防治 早稻抛栽活棵后结合追肥,每 667 米² 用 30% 丁·苄可湿性粉剂 80～100 克或禾草丹乳油 100～125 毫升,拌细潮土 20 千克在露水干后撒施,保持浅水层 4～5 天,忌水淹稻株心叶。重点防治二化螟、三化螟、稻蓟马、稻飞虱、稻瘟病和纹枯病等。根据病虫预报,及时做好病虫害防治工作。

晚稻主要病虫害有二化螟、三化螟、稻纵卷叶螟、稻飞虱、稻瘟病、纹枯病和稻曲病等,且病虫危害程度较早稻严重,根据病虫预报,及时发现及时防治。

二、浙江省双季稻配套栽培技术

(一)双季稻机插秧栽培技术

1. 品种选择 连作稻机插要在早、晚稻品种搭配上能达到早稻成熟期与晚稻早栽的适期相衔接。浙江机插秧生育期:一般连作早稻品种 110 天左右,晚稻品种 120 天左右。

目前,宁绍地区的双季稻机插秧品种搭配主要是:早稻以甬籼 15、甬籼 69、甬籼 57、嘉育 280、嘉育 253、金早 47、中早 22、中嘉早 32 等为主;连作晚稻以宁 88、甬优 8 号、嘉优 2 号、宁 81 和秀水 09 等为主;温州和金华等地的双季稻机插秧品种搭配:早稻以中早 22、金早 47 和嘉育 253 等为主,连作晚稻以天优华占、甬优 8 号、秀水 128 等为主,在温州甬优 6 号也可做连作晚稻机插。

2. 育　秧

(1)早稻育秧　根据前作生育期和早、晚稻品种搭配,早稻播种期一般在 3 月上中旬。

①采用旱地土育秧　准备育秧土,进行碎土、过筛、拌肥,形成酸碱度适宜(pH 值 5～6)的营养土。每标准塑料硬盘约需准备配制 4 千克左右的营养土做底土,营养底土配制加入约 0.25% 左右的复合肥,机插早稻土加 0.2%～0.3% 的壮秧剂控制秧苗生长,提高秧苗的秧龄弹性。

②秧板准备　施好基肥,一般可用 45% 复合肥或碳铵加过磷酸钙。提前 3 天做好秧板。秧板宽 1.5 米、沟宽一般 0.3 米。要求稏平、沉实、无杂质。以秧田与本田 1∶80～100,每 667 米² 大田需 6～8 米² 秧田。播种后将秧盘平铺于已整好的秧板上,每秧板横排铺 2 盘,将塑盘边缘相互重叠排放。

③种子处理　连作早稻按照 25～30 天秧龄。机插面积大要根据机插效率,安排分批播种,确保秧苗适龄机插。早稻常规稻每盘播 100～120 克干种,按每 667 米²

机插 30 盘育秧。选种、晒种，播种前用"浸种灵"等杀菌防病浸种，催芽做到快、齐、匀、壮。露白后播种。

④播种　秧盘中加入配制的营养底土，土层厚度约 2.0 厘米左右，表面平整，适度压实，以提高出苗率，促进根系生长成毯。根据品种类型和季节选择每盘播量播种。播种后及时进行覆土，覆土厚度约 0.5 厘米左右，以不见芽谷为宜，特别应注意覆盖土中不能加肥料和壮秧剂。

⑤秧苗管理　秧盘上秧板后，早稻用拱棚地膜覆盖保温，高温高湿促齐苗、一般 2 叶 1 心开始适时揭膜炼壮苗，根据气温变化掌握揭膜通风时间、揭膜程度。膜内温度保持在 25℃～30℃，防烂秧和烧苗。秧田期保持秧板湿润，忌长期深水灌溉造成烂根烂秧；移栽前 3～4 天，天晴灌半沟水蹲苗，或放水炼苗，确保机插时能提起秧块不断为好，以利机插。倒春寒灌深水保温护苗，转晴回暖逐步排水防青枯死苗。早稻重视立枯病防治。注意看苗施断奶肥，可施可不施尽量不施，一定要施肥前上水进秧盘，尿素加水泼浇或洒水壶洒，于傍晚进行，施肥后清水冲洗。要注意防止造成肥害。秧苗嫩绿易遭稻蓟马、蚜虫危害，在栽前 1～2 天可用千红等农药防治。

(2)连作晚稻育秧　根据早稻生育期合理安排播种期，机插秧连作晚稻的秧龄在 15～18 天左右，一般播种期在 6 月底至 7 月上旬。

①育秧　采用泥浆育秧方式育秧，播种前 3 天做好秧板。秧板宽 1.5 米、沟宽一般 0.4 米。要求耥平、沉实、

无杂质。秧田与本田 1∶100 左右。

②种子处理　根据机插秧秧龄 15～18 天和早稻收获时间安排播种期,确保秧苗适龄机插。播种前按要求进行发芽试验。种子发芽率应在 85% 以上。每盘播 80 克左右干种,按每 667 米² 机插 30 盘准备种子,选种、晒种,播种前用"浸种灵"等杀菌剂防病浸种,催芽做到快、齐、匀、壮。露白后播种。

③铺盘　播种前在准备的秧板上施 60 克/米² 的复合肥和 90 克/米² 的壮秧剂,后在秧畦上平铺软盘,横排两行,依次平铺,紧密整齐,盘与盘的飞边要重叠排放,盘底与床面紧密贴合。将秧沟内经沉淀后的表层泥浆舀入盘内作营养土,秧盘中的泥浆里不能有石头、田螺和稻茬等物。或制作孔径 1 厘米的筛子,把筛子压入畦沟中,让泥浆溢上筛面,再把溢上筛面上的泥浆装入软盘,厚度 2.5 厘米为宜,一般沙质土壤的泥浆装盘后 0.5～1 小时即可播种,而黏性土质的泥浆装盘后要经半天才能播种,否则会使种谷下沉造成闷种烂芽。

④播种　播种时按盘量种,或以若干盘用量为准,制作一个量杯准确取足种子,用手撒播,分次播,力求均匀。播种后用抹板将种子轻压与泥面接触。播种结束后,不必覆膜,搭建遮阳网减小暴雨对播种的影响,出苗后撤网。

⑤秧苗管理　秧田期保持秧板湿润,忌长期深水灌溉造成烂根烂秧;移栽前 3～4 天,天晴灌半沟水蹲苗,或放水炼苗,确保机插时能提起秧块不断为好,以利机插。

注意看苗施断奶肥,可施可不施尽量不施,一定要施肥前上水进秧盘,尿素加水泼浇或用洒水壶洒,傍晚进行,施肥后清水冲洗,防止造成肥害。秧苗嫩绿易遭稻蓟马、蚜虫危害,在栽前 1~2 天可用千红等农药防治。注意在种子出苗后 1~2 天喷施 200 毫克/升的多效唑溶液,以控制秧苗高度,促进壮秧。

3. 机　插

(1)整地　机插秧采用中小苗移栽,植株个体矮小,对大田耕整质量和基肥施用等要求相对较高。连作晚稻在收割后要及时整地,整地后待土壤沉实 1~2 天后机插,机插前大田田水要浅。

(2)秧苗准备　移栽前 2~4 天,视苗色施起身肥,如苗色偏黄,每 667 米² 苗床可用尿素 4~5 千克,对水 500 升喷浇,以保持苗色青绿,叶片挺健青秀;如苗色正常,叶片挺拔,可推迟至移栽当天或前一天,略施起身肥,一般按每盘用尿素 0.5 克,按 1:100 对水拌匀,于傍晚秧苗叶片吐水时均匀喷施;对叶色正常、叶片下垂的秧苗,不施起身肥。坚持带药移栽,机插秧苗由于苗小,个体较嫩,易遭受螟虫、稻蓟马及栽后稻象甲的危害,栽前要进行一次药剂防治工作,做到带药移栽,一药兼治。

(3)起秧备栽　硬盘育秧方式起秧时,先慢慢拉断穿过盘底渗水孔的少量根系,连盘带秧一并提起,再平放,然后小心卷苗脱盘。秧苗运至田头时应随即卸下平放,使秧苗自然舒展;并做到随起随运随插,要尽量减少秧块搬动次数,搬运时堆放层数不超过 3 层,避免秧块变形或折断秧苗。要严防烈日伤苗,要采取遮荫措施防止秧苗失水枯萎,根据机插时间和进度,要求做到随运、随栽。

(4)机插密度和规格　机插前调整机械,连作早稻种植为行距 30 厘米、株距 12 厘米,每 667 米^2 插 1.85 万丛;连作晚稻插种规格为行距 30 厘米、株距 12～14 厘米,每 667 米^2 插 1.60 万～1.85 万丛,每丛 3～4 本苗,每 667 米^2 插基本苗 5 万～7 万。要在插秧机既定行距的前提下,调整好株距和每穴秧苗的株数,调节好相应的送秧量和取秧量,保证每 667 米^2 大田适宜的基本苗。

4. 肥水管理

(1)活棵分蘖期的管理

①机插后的水浆管理　栽后应及时灌浅水(2～3 厘米水层)护苗活棵,促进返青成活、扎根立苗;返青分蘖后间歇灌溉,水层以 2～3 厘米为宜,并适时露田,落干后再上水,做到以水调肥、以水调气、以气促根,促进分蘖早生快发。够苗期及时搁田,搁田程度以人站在田面有明显脚印但不下陷、表土不开裂为度,然后复水,待水层自然落干后再轻搁,搁田时,每次断水应尽量使土壤不起裂缝,切忌一次重搁,造成有效分蘖死亡。

②施用分蘖肥及除草管理　分蘖期是增加穗数的主要时期,争取早分蘖、多分蘖是构筑丰产苗架的关键;机插水稻大田有效分蘖时间短,连作晚稻在 10 天以内,早施分蘖肥,争取有效分蘖期内多生分蘖,为多穗打下基础至关重要。连作晚稻分蘖早,速度快,因而需要及早加重分蘖肥的使用。分蘖肥可在栽插后 10 天内(返青后即追

肥)一次施用,每 667 米² 可用尿素 12～15 千克、氯化钾 7.5～10 千克左右,争取在较短的有效分蘖期间多发分蘖,迅速形成高产群体结构。

(2)拔节孕穗期的管理 拔节长穗期应保持 10～15 天 2～3 厘米的浅水层。穗肥一般分促花肥和保花肥两次灵活施用。促花肥在幼穗分化始期,即叶龄余数 3.2～3.0 叶时施用。具体施用时间和用量要视苗情而定。一般每 667 米² 施尿素 3～5 千克加氯化钾 5 千克。保花肥在出穗前 18～20 天,即叶龄余数 1.5～1.2 叶时视苗情适当补施,一般每 667 米² 施尿素 3～5 千克。对叶色浅、群体生长量小的可多施,但每 667 米² 不宜超过 5 千克;相反,则少施或不施。

(3)开花结实期的管理 水浆管理干湿交替,不可断水过早,确保青秆黄熟。稻株出穗后的 20～25 天内,需水量较大,这一阶段应保持浅水层;在出穗 25 天以后,根系逐渐衰老,此时采用间歇灌溉法。即灌一次浅水后,自然落干 2～4 天再上水,且落干期应逐渐加长,灌水量逐渐减少,直至成熟。

施肥可根据苗情,适当施用粒肥,如撒施尿素 3～5 千克或喷施 1～2 次叶面肥,叶面肥浓度:尿素 0.5%～1%,磷酸二氢钾 0.2%～0.3%。如土壤肥力较好或水稻长势旺的可以不施粒肥。此外,还必须注意适当施用微量元素,特别是硅肥与锌肥。

5. 病虫草害防治 插秧后 7～10 天结合施肥时拌入"稻田移栽净"等除草剂防除杂草。机插秧群体大,重点抓好纹枯病、螟虫、卷叶螟和稻飞虱、黑尾叶蝉的防治。根据病虫害预报,及时做好病虫害防治。

(二)早稻直播栽培技术

1. 品种选择 根据生长季节和早、晚稻品种搭配,选择早中熟品种类型,茎秆粗、矮壮、抗病力强、产量高的品种。在浙江省西南部地区选择金早47、中早2号、嘉育293、嘉育143、嘉育280、浙733等品种。

2. 适期播种

(1)**精细整地** 直播田播种前15天左右进行首次耕翻,播种前一周左右结合耙、耖,每667米² 施碳酸氢铵20～30千克和过磷酸钙20千克。待泥沉实后,根据田块地势高低,每隔4～5米,开排水沟,同时沿四周开排水沟,以便灌排畅通。耙平后,灌水深4～5厘米,喷施丁草胺封杀杂草,保持水层到播种。

(2)**种子处理** 播种前晒种1～2天,用清水筛选,除去清水中上浮种子,并用80%"402"或"浸种灵"等浸种消毒36～48小时,再催短芽,露白后播种。播种时用35%好安威干拌种剂拌种,每10克药剂拌种子1千克,以防治稻蓟马、驱避麻雀和防止鼠害。

(3)**适期播种** 直播稻较移栽稻生育期短,要根据当地的气候特点安排播种期,浙江省西南部地区早稻直播的适宜时间为4月上中旬,一般不超过4月20日。播种量应根据种子的发芽率、成苗率及种植密度来综合考虑。一般每667米² 常规稻播种量3～5千克,杂交稻播种量1.5～3.0千克为宜。采用分畦定量,确保均匀。播后轻塌谷入泥,播种后至 3 叶期保持畦面湿润。

3. 适时除草 采取以封杀为主的"一封二杀三补"的综合除草技术,在整田耙平后用丁草胺封杀杂草的基础上,播种后 2～5 天选用直播稻田芽前专用除草剂(如幼禾葆或新禾葆)进行重点封杀。2～3 叶期,如封杀杂草效果不佳,可用二氯苄全田喷洒一次,翌日上水,并保水 3～5 天。约 5 叶期后,视苗情草情选用二甲四氯、千金或禾大壮等除草剂补杀。

4. 适时追施肥料 直播稻每 667 米^2 施氮量一般在 10～12 千克,施肥以"前促、中控、后补"为原则,即前期多施肥,促进稻苗早发、多分蘖、长大蘖;中期要少施肥。控制群体生长,防止无效分蘖发生,提高成穗率;后期要补施肥。在施基肥 30%～40% 纯氮的基础上,3 叶期结合灌水每 667 米^2 施 10 千克左右的复合肥和 7.5 千克左右的氯化钾;4～5 叶期追施 5 千克的尿素;在穗分化期追施其余的 20%～30% 的氮肥和 7.5 千克左右的氯化钾做促花肥,促进大穗形成;并根据水稻生长情况后期合理追施氮肥。穗分化期喷施爱苗,防止直播稻叶片早衰。

5. 水分管理 直播稻水分管理上要做到:出苗后至 3 叶期不轻易灌水,保持土壤湿润直至畦面有细裂缝,3 叶期后建立浅水层,促进分蘖发生。当达到预定穗数苗的 80% 时,要及时排水搁田,减少无效分蘖发生。控制群体,防止苗峰过大、穗形变小及倒伏。由于直播稻根系分布浅,宜多次轻搁,重搁会拉断根系,影响结实;后期要干湿交替灌溉,切忌断水过早,防止早衰、倒伏。

6. 病虫害防治 重点做好二化螟、稻纵卷叶螟、飞虱、纹枯病、稻瘟病等病虫的防治工作,确保高产。二化螟可选用锐劲特防治,根据病虫害预报,及时做好病虫害防治。

(三)双季稻抛秧栽培技术

1. 品种选择 不同类型早稻品种均适宜抛秧栽培,选用中熟偏迟或迟熟品种更能发挥其增产潜力。如果早稻播种期比较早,应选用苗期抗寒性较强的品种。如果双季抛秧,早稻应选用早中熟品种。

连作晚稻按照前茬早稻的熟期进行选择,确保在 9 月 20 日前安全齐穗。宜采用生育期相对较短的早熟或中熟品种。一般早、晚稻的品种搭配方式是"中配早"、"早配中"、"中配中"。

2. 育 秧

(1)秧板与秧盘摆放 一般早稻秧板连沟宽 1.8 米,最好应用免耕秧田育秧,秧板较实,秧板不塌不变形,易起盘。每 667 米^2 用 561 孔的专用塑料秧盘 80 片。塑盘育秧的秧板宜瘦不宜肥,一般每 667 米^2 基施碳酸氢铵 30 千克、过磷酸钙 20 千克、氯化钾 10 千克,耥匀于秧板上,然后铺盘。秧畦做好以后即可摆盘。旱地秧床在摆盘前一定要浇透水。秧盘摆放要整齐、要靠紧,钵体要入泥,不能悬空。

晚稻秧板连沟宽 1.8 米,秧板较实,秧板不塌不变形,届时容易起盘。塑盘育秧的营养宜瘦不宜肥,一般基肥每 667 米^2 施碳酸氢铵 30 千克、过磷酸钙 20 千克、氯化钾 10 千克,糊匀于秧板上。

(2)**秧盘装土与播种** 盘泥可用秧沟泥,秧盘装泥宜少不宜多,一般盘泥为孔深的 2/3 为宜,沉实后播种。早稻播种期为 3 月底至 4 月初,每 667 米² 用种量 4~5 千克,80 盘。一般用芽谷播种,秧龄控制在 25 天左右(盲谷播种可 30 天左右)。播种后要把盘上种谷用扫把扫入孔内,用泥浆覆盖种子,然后每 667 米² 用 17.2% 幼禾葆粉剂 250~300 克,加水 40 升,喷雾防秧田杂草。早稻应搭拱架覆地膜保温。

晚稻播种期为 7 月 2~5 日,每 667 米² 用种量 5~6 千克,100 盘,秧龄控制在 20 天左右。每 667 米² 选用 434 孔的专用塑料秧盘 100 片左右。秧盘中盘泥宜少不宜多,一般盘泥为孔深的 2/3 为宜,沉实后播种。秧畦做好及播种好后即可摆盘。旱地秧床在摆盘前一定要浇透水。秧盘摆放要整齐、要靠紧,钵体要入泥,不能悬空。晚稻播种时可用 25% 吡虫啉 10 克拌 5 千克芽谷的方法防秧田稻蓟马、灰飞虱。播种后要把盘上种谷扫入孔内,用泥浆覆盖种子,然后每 667 米² 用 17.2% 幼禾葆粉剂 250~300 克,加水 40 升,喷雾防秧田杂草。

(3)**秧田管理** 绿肥田和冬闲田早稻覆膜 15 天左右,春花田早稻覆盖 7 天左右。播种至出苗前要严密保温,以后根据气温情况,当膜内温度超过 30℃,膜两端或侧面要揭开通风,防高温烧苗,傍晚温度下降时要及时盖膜保温。通风炼苗时间从短到长,当夜间温度稳定在 15℃ 以上时可全部揭去薄膜,通风或揭膜时要灌浅水,防秧苗失水青枯。播种时实行沟灌,保湿出苗,3 叶期前保持盘土湿润,3 叶 1 心后排干秧沟水,旱管为主,做到秧苗不卷叶不灌水,促使秧苗矮实健壮,有卷叶现象时要灌跑马水,切不可长期灌水上秧板而造成秧苗串根。如果秧苗生长正常,一般情况不用施用断奶肥或接力肥,若秧苗叶色褪淡,要及时补肥,每 667 米^2 用 5 千克左右尿素对水浇施,抛栽前 3 天施好起身肥。

连作晚稻湿润播种,以灌沟水保湿润为主,出苗 5 天左右,揭去遮阳网,根据秧苗生长情况,看苗施肥,方法近似于早稻秧苗施肥方法,要注意防治好稻蓟马和稻飞虱。

3. 大田准备与抛秧

(1)早稻　施足基肥,抛秧前开好田字沟,现耕现整现耙现抛,灌好沟水,田面无明水抛栽。早稻每 667 米^2 要抛足落田苗 10 万～12 万,可以先抛 80% 的秧苗,剩余 20% 补匀补稀,对过密过稀的地方做适当删密补稀。

(2)连作晚稻　连作晚稻每 667 米^2 要抛足落田苗 12 万～14 万苗,可以先抛 80% 的秧苗,再用剩余的 20% 补苗在空稀处,对过密过稀的地方做适当删密补稀,使秧苗分布均匀,生长平衡。

4. 施肥与灌溉

(1)早稻　早稻总用氮(N)量一般为每 667 米^2 11～13 千克。基肥每 667 米^2 施有机肥 750 千克左右、碳酸氢铵 30～40 千克、过磷酸钙 30～40 千克,分蘖肥施尿素 7.5～10 千克、氯化钾 5 千克,保花肥施尿素 3～5 千克加氯化钾 2.5 千克。

抛栽田要及时开好田字沟,现耕现整现耙现抛,灌好沟水,做到沟浆泥水田抛栽,有利立苗,栽后第二天上薄水扶苗,抛秧后 5 天左右全田秧苗基本直立后灌水施肥除草。当大田每 667 米^2 苗数达到穗数的 80% 时及时排水搁田,通过多次搁田,逐渐搁硬,控制群体过旺,每 667 米^2 最高苗控制在 40 万~45 万。孕穗和抽穗期要灌好养胎水,中后期保持土壤湿润,干干湿湿,间歇灌溉,保持田土硬实湿润不陷脚,增强根系活力和抗倒力。

(2)连作晚稻 晚稻基肥施有机肥 1 000 千克左右、碳铵 40~50 千克、过磷酸钙 15~20 千克,分蘖肥施尿素 10 千克加氯化钾 10 千克,保花肥施尿素 4~5 千克加氯化钾 5 千克。

抛栽田要及时开好田字沟,现耕现整现耙现抛,灌好沟水,做到沟浆泥水田抛栽,有利于立苗,栽后第二天上薄水扶苗,连作晚稻要防止无水晒苗损伤,抛秧 5 天左右全田秧苗基本直立后灌水施肥除草。在抛秧后 15~20 天禾苗茎蘖数达到够苗数 70%~80% 时开始晒田,通过多次晒田,逐渐搁硬,控制无效分蘖,每 667 米^2 最高苗控制在 45 万以内,增加有效穗数。抛秧后 25~28 天(晒田复水时)酌施穗肥,促使穗大粒多。中后期保持土壤湿润,干干湿湿,保持田土硬实湿润不陷脚,增强根系活力和抗倒力。

5. 病虫草害防治 除草与施分蘖肥结合,一般抛后 5 天每 667 米^2 用 50% 农友 40~50 克,或 10% 水星 15~20 克拌细沙撒施。也可以在抛秧后 10 天左右,每 667

米²用96％禾大壮100～120毫升加10％苄磺隆10克，拌细沙撒施。

根据病虫预测情况，及时做好病虫防治。重点做好螟虫、飞虱、稻纵卷叶螟、纹枯病等病虫害的防治。螟虫防治每667米²用18％虫杀手水剂200毫升＋5％锐劲特悬浮剂30毫升(或80％锐劲特水分散剂2克)，或18％虫杀手水剂200毫升＋21％山瑞乳油50毫升，对水喷雾。飞虱防治每667米²用40％毒死蜱(乐斯本、同一顺、新农宝、巨雷)100毫升，加水45升喷雾。纹枯病防治每667米²用30％"爱苗"乳油15毫升＋5％井冈霉素200毫升。稻纵卷叶螟防治，每667米²用18％虫杀手200～250毫升＋1.8％阿维菌素30毫升(或31％三拂60毫升)加水喷雾。

6. 及时收割　适时收割，谷粒90％黄熟时可收获，收割前5天左右排干田水，硬田割稻，便于机械收割。

7. 注意事项　用丁·苄、田青、抛秧净等除草剂，不用含有乙草胺和甲磺隆的除草剂，并注意除草剂的用量和施用方法。无效分蘖多应适当提早晒田。

(四)双季稻移栽高产栽培技术

1. 品种选择　不同类型早稻品种均适宜手工移栽，可选用中熟偏迟或迟熟品种以发挥其增产潜力。一般早、晚稻品种搭配方式是"中配早"、"早配中"、"中配中"。连作晚稻按照前茬早稻的熟期进行选择，确保在9月20日前安全齐穗。宜采用生育期相对较短的早熟或中熟品种。

2. 育秧技术

(1)播期确定 早稻一般 3 月中下旬播种,采用旱育秧方法。秧本比 1：25～30。营养土:可用"壮秧剂"配制或直接用培肥后的苗床过筛细土。

连作晚稻在 6 月 10～12 日播种。采用旱育秧及两段育秧方法。秧本比:旱育秧 1：50～60,寄秧 1：6。营养土可用"壮秧剂"配制或直接用培肥后的苗床过筛细土。

播种前晒种 2 天,风选剔除空秕粒。再用 35％恶苗灵 200 倍液浸种消毒 2～3 天,捞起再用清水洗干净,催芽,种芽露白可播种。

(2)精量播种 早稻播种量一般 120～150 克/米², 连作晚稻播种量在 130～150 克/米²。

种子处理,播种前晒种 2 天,风选剔除空秕粒。再用 35％噁苗灵 200 倍液浸种消毒 2～3 天,捞起再用清水洗干净,催芽,种芽露白可播种。

(3)秧田管理

①早稻 起拱盖膜,将 2.2～2.4 米长的竹片按 50 厘米间隔插一根,插成拱架形,中央拱高 40～45 厘米,再盖膜,四周用泥土压严保温。秧田施肥:每 667 米² 用纯氮 9 千克(只能是腐熟的农家肥和尿素)并加入适量过磷酸钙作基肥。苗床施壮秧剂 100～120 克/米²,均匀撒施于苗床厢面后翻混均匀。在 3 叶期,每 667 米² 用纯氮 5 千克对水追施。在搞好土的选择和培肥、调酸、消毒、控水这些技术环节的基础上,加强田间观察,一经发现立枯、青枯病害的征兆,必须立即喷施敌克松 500 倍液进行防治。

播前 3～5 天投入毒饵于苗床四周灭鼠。旱育秧由于施有壮秧剂且秧龄期较短,杂草较少。

②连作晚稻　起拱盖遮阳网,将 2.2～2.4 米长的竹片按 50 厘米间隔插一根,插成拱架形,中央拱高 40～45 厘米,再盖遮阳网。秧龄 3.5 叶左右寄秧,规格为 4 厘米×3 厘米左右。秧田生育期 40 天左右。秧田施肥:每 667 米² 用 N 9 千克(只能是腐熟的农家肥和尿素)并加入适量过磷酸钙作基肥。苗床施壮秧剂 100～120 克/米²,均匀撒施于苗床厢面后翻混均匀。寄秧田要求肥沃并施足基肥,在移栽前 2～3 天每 667 米² 施 N 5 千克/667 米² 作送嫁肥。

③秧田病虫草害防控　在搞好土的选择和培肥、调酸、消毒、控水这些技术环节的基础上,加强田间观察,一经发现立枯、青枯病害的征兆,必须立即喷施敌克松 500 倍液进行防治。地下害虫与鼠害:播前 3～5 天投入毒饵于苗床四周灭鼠。草害的防除:旱育秧期由于施有壮秧剂且秧龄期较短,杂草较少。寄秧期应加强螟虫及稻蓟马等的防治。

3. 移　栽

(1)早稻　叶龄达到 4.0～5.0 叶移栽。前作收获后及时腾田,清理田间杂物,泡水旋耕。精细整平,做到田平、泥匀、水浅。起苗时尽可能少损伤秧苗。采用 23 厘米×13.0 厘米宽行窄株种植,每穴栽 3～4 苗,浅插匀植。

(2)连作晚稻　早稻收获后及时移栽。整地时做到田平、泥匀、水浅。起苗时尽可能少损伤秧苗。采用 25

厘米×17.0厘米宽行窄株种植,每穴栽1～2苗,浅插匀植。

4. 施 肥

(1)**早稻** 全生育期按照每667米^{2}用N 12～14千克,P_2O_5 4.5～6.0千克,K_2O 7.5～10.0千克左右施用。前作蔬菜的,根据种植蔬菜时施用肥料多少的情况确定基肥施用量。一般按照每667米^{2}用有机肥1 000～1 500千克,或尿素15～20千克,过磷酸钙40～50千克,氯化钾15千克施用。氮肥按照基肥∶追肥∶减数分裂肥=6∶3∶1施用;磷肥1次基施,钾肥按基肥∶孕穗肥1∶1施用。旋耕时施用基肥。

分蘖期追肥应分次进行。第一次施用的时间一般在移栽后7～10天进行,但量不能多。以后根据田间苗情和生长情况,灵活掌握是否进行第二次追肥。抽穗前,在减数分裂期(含大苞期)根据田间秧苗生长情况,每667米^{2}施用尿素2.5～5千克追肥或等氮量复合肥。

(2)**连作晚稻** 本田期按667米^{2}用N 12～14千克、P_2O_5 4.5～6.0千克、K_2O 7.5～10.0千克左右施用。一般按照每667米^{2}用有机肥1 000～1 500千克,或尿素15～20千克、过磷酸钙40～50千克、氯化钾15千克施用。氮肥按照基肥∶追肥∶减数分裂肥5∶3∶2施用;磷肥一次基施,钾肥按基肥∶孕穗肥1∶1施用。旋耕时施用基肥。

分蘖期追肥应分次进行。第一次施用的时间一般在移栽后7～10天进行,但量不能多。以后根据田间苗情和生长情况,灵活掌握是否进行第二次追肥。抽穗前,在减数分裂期(含大苞期)根据田间秧苗生长情况,每667米^{2}施用尿素5千克或等氮量复合肥追肥。

5. 水分管理　插秧时基本无明水层,成活后保持薄水。分蘖期保持干湿交替,促进分蘖发生和生长。田间苗数达到穗数苗90%时开始晒田。晒田期比常规栽培的时间长,才能控制无效分蘖。幼穗分化二期后必须复水。田间建立浅水层直到齐穗后20天左右。收前7~10天排水,防止断水过早。

6. 病虫害综合防治

(1)早稻　配合第一次追肥,进行化学除草。螟虫采取一控二防的防治原则,选用锐劲特、阿维·三唑磷、三唑磷、杀虫单等高效低毒农药进行防治。由于田间群体大,秧苗生长旺盛,纹枯病容易滋生,生产上需要防治2~3次。稻瘟病应加强田间检查,一经发现,立即扑灭。选用三环唑、富士一号、比丰等药剂进行。

(2)连作晚稻　配合第一次追肥进行化学除草。螟虫、稻飞虱采取一控二防的防治原则,选用高效低毒农药进行防治。连作晚稻纹枯病容易滋生,生产上需要防治3~4次。应加强田间稻瘟病检查,一经发现,可选用三环唑、富士一号、比丰等药剂进行防治。

第九章　双季稻主要自然灾害与预防

一、低温危害

双季稻低温冷害主要出现在 3 个时期,一是早春低温阴雨造成早稻烂秧死苗,也称"倒春寒、清明寒";二是春末夏初低温冷害,主要影响早稻的幼穗分化,也称"小满寒";三是晚稻抽穗扬花低温冷害影响晚稻抽穗结实,也称"秋分寒"。

(一)早稻低温烂秧

早稻播种育秧期为 3 月中旬至 4 月下旬,这段时期日平均气温低于 10℃,影响早稻成苗和秧苗生长,常导致早稻烂种,烂秧,造成秧苗不足,影响种植面积或者移栽质量,而且因补种延误播种季节,使早稻成熟期延迟,影响晚稻栽插,使晚稻抽穗扬花期易受低温危害。一般发生两种情况,一种是前期正常回暖,后期温度偏低,另一种是前期温度偏高,后期温度偏低。根据日照时数和降水程度又分为两种类型:阴雨型和低温型。根据不同天气指标划分烂秧程度如下:

1. 轻度烂秧天气　连续 3～4 天日平均气温≤12℃,或连续 7～8 天日平均气温≤14℃。

2. 中等烂秧天气　连续 5～6 天日平均气温≤12℃,

或连续 9~10 天日平均气温≤14℃。

3. 重度烂秧天气　连续 7 天以上的日平均气温≤12℃,或连续 11 天以上日平均气温≤14℃。

水稻育秧期间遭遇低温造成烂秧死苗,一般分为黄枯型和青枯型两种,黄枯烂秧是由于低温(8℃~14℃)和阴雨连绵的天气、持续时间较长所引起,其秧苗光合作用微弱、根系吸收能力受抑制,叶片从外至内、自下而上逐渐变黄、转白,最后枯死。青枯烂秧是在气温急剧下降(日平均气温低于 10℃)且寒潮过后天气突然转晴温差过大的情况下发生,其秧苗心叶等幼嫩部分失水卷曲,逐渐扩至全株死亡。

防止低温烂秧主要措施:

①选用抗寒性好的优良品种。

②根据天气状况,选择合适的播种期,抓住暖头,抢晴播种;二是抓好种子处理关,做到冷头浸种、冷尾催芽、破胸播种。

③播后遇低温采用盖膜、灌深水等保温、调温措施,提高秧苗御寒能力,防止烂种烂秧。

④采用薄膜保温育秧,增加苗床温度。

⑤采用旱育秧技术,提高秧苗的抗低温能力。

⑥增施磷、钾肥和热性农家肥、施用芸苔素硕丰 481、沼气或其他抗寒剂浸种,均可提高秧苗的抗寒性。

⑦在寒潮期间灌水护苗,寒潮过后慢慢排水,提高秧苗的抗寒能力。

（二）早稻低温危害穗发育

早稻分蘖期或幼穗发育期（5月中旬至6月中旬），出现日平均气温≤20℃的低温天气，导致僵苗不发或小穗畸形，花粉母细胞破坏，形成畸形穗或不实粒，降低水稻结实率，造成减产。因为是小满前后发生，故常常称为"小满寒"，也称"五月寒"。根据低温持续天数、日最低气温划分3个等级：

1. 重度 持续时间≥7天；或持续时间4~5天，期间有1天或以上日最低气温≤16℃。

2. 中度 持续时间≥5天；或持续时间3天，期间有1天或以上日最低气温≤16℃。

3. 轻度 持续时间≥3天；或持续时间2天，期间有1天或以上日最低气温≤16℃。

"小满寒"对早稻的危害，主要表现为早稻迟栽秧苗僵苗不发，出现秧苗黄叶、黑根、僵苗、分蘖迟发、减少，影响早熟品种的幼穗分化，早栽早稻此时已进入分蘖后期至圆秆拔节期，茎生长点开始分化进入幼穗分化阶段。由于幼穗原始体迅速分化，组织幼嫩，对温度的反应在一生中最为敏感，尤其是第二次枝梗原基分化期、雌雄蕊形成期、花粉母细胞形成期至花粉母细胞减数分裂期，对低温极为敏感，影响结实，低温还造成生育期推迟，进而影响晚稻栽插季节。

防御"小满寒"的对策措施：

①选择对低温相对钝感的品种，减少对低温敏感品种的种植面积。

②调整播栽期,错开在孕穗期特别是减数分裂期遇上这种天气。

③增施磷、钾肥,以防止低温缺磷僵苗,促进秧苗健壮生长。适当补施速效热性肥料,喷施芸苔素硕丰 481 等生长调节物质,提高水稻抗寒能力。

④早稻分蘖期以露田增温通气为主,采用露田与浅水相结合的方法,以促进有效分蘖发生;若遇气温明显低于水温,应采用灌深水保温的方法;够苗及时露晒,控制无效分蘖发生。

⑤早稻孕穗至破口期要在冷空气来临之前及低温期间,采取灌深水保温护苗。气温回升后,及时排水露田,以提高地温,并追施速效肥料,促进根系健壮生长。

⑥受“五月寒”和暴雨危害的稻田,容易诱发病虫害,特别是细条病、白叶枯病和穗颈瘟,要注意防治,严防病虫暴发成灾。

(三)晚稻寒露风危害

晚稻抽穗开花期在 9 月中下旬,即在寒露节气前后有较强冷空气南下,气温明显下降,影响晚稻正常抽穗开花和灌浆乳熟而导致减产,这种灾害性天气称为“寒露风”天气。研究表明,当日平均气温≤20℃(粳稻)和 ≤23℃(籼稻)达 2～3 天时,对含苞待放、正在开花和开花不久、子房体尚未伸长的花造成不同程度的危害。低温强度越大,持续时间越长,危害越重。据宣城农业气象试验站对杂交稻(汕优 6 号)定穗观测结果表明,抽穗 5 天日平均气温＜22℃时,空壳率＞60％,而 5 日日平均气温 ＞22℃

时,空壳率<60%。

寒露风对晚稻造成的危害大致可分为两种类型:

1. 湿冷型 北方南下冷空气和逐渐减弱南退的暖湿气流相遇,经常出现低温阴雨天气,其天气特征为低温、阴雨、少日照。

2. 干冷型 较强冷空气南下,盛行偏北风,空气干燥,天气晴朗少云,有明显的降温,其天气特征是低温、干燥、大风、昼夜温差大。寒露风危害根据日平均气温降至22℃以下,以持续日数、日最低气温划分两个等级。

(1)重度 日平均气温≤20℃,持续≥3天或日平均气温≤20℃,持续2天,且期间有一天日最低气温≤16℃。

(2)轻度 日平均气温≤22℃,持续≥3天或日平均气温≤22℃,持续2天,且期间有一天日最低气温≤16℃。

寒露风出现时一般正值连作晚稻孕穗和抽穗扬花期,往往导致水稻不育、包颈严重,抽穗开花时会出现"闭花忍耐"现象,不能正常受精,谷粒颖壳形成黑斑(黑壳),花器受到损害,柱头变黑,花丝不伸长,花药不开裂,花粉粒破坏,空秕粒增多,甚至全穗都空粒,不能授粉发育,形成"过冬青",形成大量空粒,千粒重降低,导致减产。

晚稻寒露风危害抗灾、减灾措施:

①搞好早、晚稻品种搭配,争取早插促早发,保证抽穗扬花时避开冷害。根据品种(组合)生育特点和当地气温连续3天低至20℃80%概率的首现日,合理安排播种、插秧期,确保安全齐穗。

②选用抗寒性强的品种。

③对于因前作原因造成连晚迟栽,采用超稀播种,旱育秧,培育多蘖大壮苗和适度密植,重基肥早追肥,促早发,力争在安全齐穗期齐穗。

④抽穗期遇上低温,可结合叶面喷施磷酸二氢钾加适量植物生长调节剂或抗寒剂,如喷施"九二〇"促进早抽穗、喷施芸苔素硕丰 481 等提高抗寒性,喷施抗寒剂减少损失。

⑤采用灌深水保温的办法,提高小气候温度,降低秋寒损失率。关注天气预报,提前 1～2 天灌深水(2～6 厘米)或在当天喷水、淋水,这样能起到防寒保湿的作用,也可以采用根外追肥(如喷施谷粒饱、磷酸二氢钾等),以增强植株的抗寒能力。寒露风过后,立即排水露田并叶面追肥,促进植株尽快恢复。

⑥加强田间管理,防止后期贪青迟熟,培育健壮个体,提高抗低温能力。

二、高温危害

(一)早稻高温逼熟

早稻高温逼熟是指 6 月下旬至 7 月下旬,出现日平均气温≥30℃、日最高气温≥35℃、日平均相对湿度≤70%的天气,以持续天数划分为 2 个等级。

1. 重度　持续时间≥7 天,期间出现不少于 3 次的轻度高温逼熟天气。

2. 轻度　持续时间≥3 天。

因为此时正值早稻的灌浆期,往往导致早稻的灌浆不良、粒重下降、成熟期提前、产量降低、品质下降。高温对水稻的危害主要在孕穗期以后,抽穗扬花期对高温最敏感,35℃以上的高温就能影响开花受精,增加空壳率。在开花期遇35℃以上持续1小时,就会引起颖花高度不育,其中正在开花的花受害最大。危害主要发生在白天高温下,夜间高于33℃也会引起育性降低。高温还会降低植株光合作用能力,抑制有机物质运转,增加同化物消耗,加速细胞组织老化,使籽粒的养分积累能力提早消失。灌浆期遇35℃以上高温,常出现高温逼熟,水稻根系早衰,吸收养分的能力减弱,叶片功能下降,半实粒和秕粒增加,温度愈高或延续时间愈长,则对结实率与千粒重影响愈大。高温天数越多,结实率和千粒重下降也越严重。如果花期遇到高温,则会造成花粉管尖端大量破裂,失去受精能力,而形成大量秕粒或空壳,若同时遇有大风,则危害更大。水稻开花时是对高温最敏感的时期,以开花当天对高温最敏感,开花第九天为第二敏感期。高温将直接造成受精障碍,花药脱水不开裂,花粉活力降低,柱头分泌液干涸,失去对花粉的附着力,花粉的萌发力降低,最后导致受精不良,形成大量的空秕粒。据研究,开花前1天,当气温超过33℃,结实率已受影响,超过35℃影响更大。而开花后1天处理的,当气温在40℃以下时,结实率影响小,只有当气温高达43℃时,结实率才明显受影响。

早稻高温逼熟的抗灾、减灾措施:

①合理安排水稻品种布局,避开炎热的高温天气。选用抗高温较强的品种以及早熟高产品种进行合理搭配,利用抗高温能力较强的品种减少高温对开花结实的伤害,利用早熟高产品种避开高温季节,在高温到来之前或之后度过开花和乳熟前期,以取得大面积的平衡增产。

②实行灌溉,以水调温。主要是在高温期间灌深水,以降低水稻冠层温度。从灌浆至乳熟期间,采取干干湿湿,以湿为主的方法,就是灌1次浅水后自然落干1～2天再灌水;黄熟期间灌1次浅水后落干3～4天再灌1次水,黄熟末期以灌"跑马水"为主,即灌即排,以降低田间温度,提高相对湿度,防止早稻"高温逼熟"。水稻开花期遇到高温天气可灌深水、采用机动喷水或喷灌降低穗部温度,能使穗部温度下降 1℃～2℃,相对湿度增加 10%～15%,但喷水不能在开花期间进行,以免影响授粉和受精过程。

③加强田间管理,增施磷、钾肥与有机肥,以增强早稻对高温的抗性,减轻高温危害。

④通过叶面喷施叶面肥和植物生长调节剂,如喷施谷粒饱与芸苔素硕丰 481,可以减轻高温的危害,提高结实率和粒重,减少产量损失。

⑤后期不要断水过早,以收获前 5 天左右断水为宜。

⑥加强病虫害防治,特别要注意对以稻飞虱、稻纵卷叶螟、纹枯病、白叶枯病、稻瘟病和稻曲病为主的病虫害的药剂防治。适期收割、精打细收。因受灾田块籽粒的成熟度差异较大,要根据田间大多数籽粒的成熟度来适

期收割。

（二）干热风危害

海南省在 4 月下旬至 5 月上中旬，日照充足而强烈，地面增温极快，相对湿度小，形成又干又热的气团，影响较大范围的水稻尤其是早稻开花结实。因为干热风会使花药干萎不开裂，散粉小，花粉生活机能减退，影响正常开花授粉，导致花粉发育不正常，空秕率增加，结实率降低而减产。

水稻干热风灾后预防及补救措施：

1. 日灌夜排　加大昼夜温差，使稻株夜间呼吸作用减弱。据观察，早稻开花后 10～25 天内，昼夜温差如果增加 1℃，千粒重可增 0.5～1.0 克。

2. 适时灌排水　对于烂泥田和稻苗长势好的田，可于上午 11 时前灌水。到下午 14～15 时排水，以调节中午前后高温阶段的温度和湿度；据测定，灌水比不灌水的，穗部温度低 1.5℃，相对湿度高 12%。

3. 清水喷洒　中午前后，当水稻闭颖后，每 667 米^{2}用清水 200～250 升喷洒，可降温 1℃～2℃，增湿度 10%～15%，能维持 1～2 小时。

三、干旱危害

由于降雨的时空分布不均，因此旱灾几乎每年都有不同程度发生。遭受旱害的水稻，起初在中午气温高时，叶尖凋萎下垂，到夜间能恢复原状，如继续缺水，稻叶白天凋萎,夜间不能复原,直至稻株死亡。受旱水稻还表现出生育期延长,植株矮小,分蘖减少,最后稻苗枯死。水稻孕穗期对水分最敏感,其次是抽穗开花期、乳熟期和分蘖前期。直接引起水稻旱害的原因,主要是土壤缺水。当土壤含水量为田间持水量的 70%～80%时,对水稻的生育影响不大;当田间持水量降低至 60%以下时,对水稻生育产生影响,产量下降;当再降至 40%以下时,水稻叶片的水孔停止吐水,急剧减产;当再降至 30%时,稻叶开始凋萎。在孕穗至抽穗期间,水稻受旱则抽穗不整齐,白穗多,水稻植株矮小,分蘖少;开花授粉不正常,空秕谷多;颖花雌雄不发育,出现白化。

双季稻区在 6 月下旬至 10 月上旬都有可能发生干旱,由于持续无雨或少雨,使双季稻生长期间供水不足,造成减产或绝收。根据干旱出现的时间,分为伏旱、秋旱、伏秋连旱,干旱等级以干旱指数划分。伏旱主要影响早稻后期灌浆,导致秕粒增多、结实不良,影响结实率和千粒重,严重的甚至导致枯穗或穗子抽不出来,并对连晚栽插和秧苗素质有较大影响,导致连晚不能及时栽插甚至撂荒;秋旱主要是影响连晚的生长,导致连晚因缺水而生长不良,穗数少,穗子小,结实率低,产量下降;影响最大的旱灾是伏秋连旱。

减轻干旱损失的主要措施:

①合理搭配品种,安排季节,如双季稻区可采用"早搭迟"的早、晚稻搭配模式,使早稻在干旱前收获,连晚能及时栽插下去。同时,品种应选用抗旱性强的品种,根长

扎得深、根多且密度大,增加根内水流动的垂向阻力和减少横向阻力,有利于吸水和保水。同时,增施有机肥料,进行节水灌溉,施用抑制水分蒸发的抗旱剂等,以增强植株的抗旱能力。

②实行节水灌溉,节约用水,提高水分利用效率。可采用旱育秧技术、水稻节水灌溉技术、水气平衡管理技术等。

③改翻耕为轻耕,连晚稻田在早稻收割后,不翻耕而用悬耕机或滚耙轻耙一次后立即插秧或抛秧,节省整地用水,扩大连晚种植面积。

④连晚采用旱床育秧或用烯效唑、多效唑等化控剂育秧,提高秧苗的抗旱性。

⑤在施肥技术上注意增施钾肥和硅肥,提高植株的抗旱能力。

⑥连晚易旱区可采用早蓄晚灌的方法,即早稻后期集蓄雨水,早稻带水收割,收割后耙糊田后直接插秧。

⑦在干旱期喷施抗旱剂,减少水分蒸腾。

⑧采用人工降雨,减轻灾害。

四、洪涝灾害

根据历年气候显示在水稻的需水关键期洪涝灾害发生具有明显的区域特征。5月份,长江以北地区,尤其是沿淮淮北出现旱灾的频率很高,而沿江江南涝灾则很频繁。6月份江淮地区进入梅雨季节,涝灾频率加大,而沿淮淮北旱灾发生仍频繁。7月份淮北进入雨季,江淮及沿江江南梅雨过后,雨量急剧减少,进入高温酷暑阶段。福建省洪涝灾害的主要发生时段在 5 月中下旬至 6 月中旬,广东洪涝灾害的主要发生时段在每年 5 月下旬至 6 月中旬,正值端午龙舟竞渡之时,也是前汛期降水量最多最集中的时期,常出现连续几天大雨、暴雨甚至大暴雨和特大暴雨的降雨过程,容易形成水患或带来阴雨寡照天气,被称为"龙舟水"。广西壮族自治区洪涝灾害主要发生在 4～9 月份,尤以 5～7 月份出现机会最多。海南省年降水主要集中在 5～10 月份。洪涝灾害发生时雨水偏多或特多淹没稻田,同时伴有光照不足,水稻光合作用受阻,干物质积累减少。多雨天气使温度明显偏低形成凉夏,会导致早中稻生育期延长,成熟期推迟,从而加重秋季低温对晚稻的威胁。洪涝灾害几乎每年都有发生,只是受灾的程度不同,据统计,江西春涝、夏涝、秋涝的气候概率分别为 30.6％、44.4％、25.0％,平均每 3～4 年就有一次较严重的洪涝灾害。江西发生洪涝灾害的高峰是 6～7 月,此时正值早稻的孕穗开花期和晚稻的秧苗期,由于水稻的耐涝能力以孕穗期最差,其次是开花期,营养生长期较强,因此洪涝灾害受害最大的是早稻,往往造成水稻严重减产,甚至绝收,对连晚主要是影响秧苗素质和导致缺苗。

水稻涝害是随着淹水层的升高和时间的延长,无氧呼吸逐步取代了有氧呼吸,贮藏的营养物质大量被消耗,体内的能量代谢显著地恶化,光合作用也逐渐减弱。当稻株完全淹没于水中,光合作用完全停止,各种生命活动处于停顿状态,随着淹水时间的延长,以至腐烂变黑。据研究,苗期淹水 2～6 天,出水后 2～3 天即能恢复生长,只有部分叶片干枯,淹水 8～10 天,叶片均干枯,但出水后秧苗还可恢复生长。水稻分蘖期淹水 2～4 天,出水后尚能逐渐恢复生长,淹水 6～10 天,地上部分全部干枯,但分蘖芽和茎生长点尚未死亡,故出水后尚能发生新叶和分蘖。淹水时间愈长,生长愈慢。幼穗分化期淹水 10 天,颖花分化受抑制,幼穗不能抽穗。孕穗期淹水,抑制了幼穗发育,形成畸形穗、颖花退化等。淹水 6 天以上,大部分不能抽穗,以后形成的高节位分蘖,部分能抽穗但不结实。抽穗开花期淹水 3～4 天,出穗后稻穗颖花尚能开花,部分可结实,淹水 6 天以上,因花粉、花药破坏,虽能开花但不能授粉,不久穗子即干枯。乳熟期受淹,影响谷粒灌浆,千粒重降低,米质变劣。

涝害后水稻受到不同程度的损伤,应对受害程度进行诊断,以决定去留或补种。在水退后,早晨到田间检查,如稻苗叶尖吐水珠,表示有生机,可肯定不死。再用手捏基部,如基部坚硬的,表示仍有生机,如已软糊,则已死亡。在水退后,若遇天晴干燥,稻苗倒伏枯萎,表示已死。水稻由于缺氧而抑制有氧呼吸,大量消耗可溶性糖,积累酒精;光合作用大大下降,甚至完全停止;分解大于合成,使生长受阻。涝害较轻时,由于合成不能补偿分解,致稻株逐渐饿死;严重时,蛋白质分解,使原生质结构遭受破坏而致死。水稻受淹水危害的主要表现为叶片变黄、绿叶减少、光合面积减少、光合功能受损,叶片、分蘖、主茎和分蘖节相继死亡,根系严重缺氧、白根数减少、根系吸收能力下降,甚至死亡。受涝较轻的表现为高位分蘖增多,生长发育受阻,生育期延长,抗倒伏能力下降,有效穗减少等,由此也导致严重减产。

抗灾减灾的主要方法:

①调整水稻布局,选用抗逆品种。根据当地的气候特点和变化规律,进行水稻类型和品种合理布局。通过调整水稻的栽培季节,错开洪涝高峰期与水稻的敏感期,如在易发生夏涝的地区,种植特早熟早稻,避开孕穗开花期遇涝。广东根据龙舟水出现规律,合理安排早稻的品种和播插季节,力争开花授粉期避过龙舟水。夏涝灾严重的地区,可扩大早稻面积;经常发生干旱的地区可以采取水稻旱种,并有计划地培育和选用抗旱、耐涝品种。

②搞好水利设施,做好防汛防洪工作。兴建水库拦洪截流,尤其是暴雨区的上游建水库将有较大作用。还要加固、提高江河和沿海堤围的抗洪能力。

③通过调节播期、"弹性秧"旱育技术、适当的肥水管理等技术,避开或减轻旱涝灾害的危害。要加强水稻涝前的田间管理,增加植株体内碳水化合物的积累量,提高植株的抗涝能力。加强前中期露田晒田,保持强壮的有效分蘖,增强根系活力,提高抗灾能力。涝害发生后还要根据稻苗的生长情况,适当补施速效肥料,喷施菌毒清等杀菌剂。轻露田,补施肥料。排水后稻苗恢复生机,即进行一次轻露田,以增强土壤透气性和根系活力,轻露田后结合灌浅水补追一次速效肥料。一般处于分蘖期的每

667 米² 可追施尿素 5.0 千克、氯化钾 5.0 千克,以促进再分蘖,使其有较多的穗数。及时按标准烤田,促进稻苗深根、壮秆、厚叶,增强水稻群体的通透性,降低各种病害的发生率和扩展速度。

④出现内涝积水时,涝后应立即组织人力进行排水抢救。先排高田,争取让苗尖及早露出水面,就可减少受淹天数,减轻损失。值得注意的是,在高温烈日期间,不能一次性将水排干,必须保留适当水层,使稻苗逐渐恢复生机,否则如一次性排干,因稻田长期浸在水里,生活力弱,茎叶柔软,遇晴天烈日容易枯萎,反而加重损失;但在阴雨天,可将水一次性排干,有利于秧苗恢复生长。如稻苗受淹后,披叶很少,植株生长尚健壮,田面浮泥较多,也可排干搁田,以防翻根倒伏。在退水刚露苗尖时,要进行洗苗,可用竹竿来回振荡,洗去沾污茎叶的泥沙,对稻苗恢复生机效果良好。也可结合清除烂叶、黄叶,随退水方向泼水洗苗扶理,有较好效果。苗期受涝后要逐块田进行检查,如发现缺株,要立即补齐。补苗的方法:一是利用原来的余秧补栽。二是分株,即在未受涝或涝轻的田里,选取生长良好、正在分蘖的稻株,分出部分移栽到缺苗的田中。三是移苗补田,如缺苗严重,可将几块田里的稻苗移到一块田里,空出的田块可重新育秧移栽或直播,或改种其他作物。应尽早使稻叶露出水面,使之能及早进行光合作用,如水退后天气立即转晴,应慢慢更换新鲜水。

⑤涝后要及时根据受灾情况,采用相应的补救措施,

受害较轻的要洗苗、排水露田,并追施速效肥料。受灾后的水稻要及时清洗污泥,扶正,喷药防病虫害,适时追肥,以促进生长。受淹严重失收的田块要及时改种。受涝稻苗在退水时,随退水捞去漂浮物,需要清洗叶片,可减少稻苗压伤和苗叶腐烂现象。同时,在退水时用竹竿来回振荡,洗去沾污茎叶的泥沙,对稻苗恢复生机效果良好。

⑥涝后要加强病虫害防治,特别是白叶枯病和纹枯病的防治。已受灰飞虱为害的水稻植株,随气温上升条纹叶枯病显症加快,褐飞虱、白背飞虱、稻纵卷叶螟等迁飞性害虫的迁入量增加。为此,近期待雨过天晴要继续及时用药防治灰飞虱与条纹叶枯病,中后期要加强稻飞虱与稻纵卷叶螟等病虫害的防治。

⑦加强对灾害机制的综合研究,建立并完善灾害监测、预警系统。在利用大量的历史资料记载研究其发生机理和变化规律的基础上,应用现代高科技手段(如 3S 技术)开展旱涝灾害的监测预警系统的研究,并投入业务应用,加强对灾害的预报和防御。

五、台风危害

台风灾害是指受八级以上大风(含六级)(风速在 10.8 米/秒以上或阵风风速在 17.2 米/秒以上)、台风及龙卷风(指在强对流云内出现活动范围小、时间短、风力极强,具有近于垂直轴的强烈气涡旋)而造成的灾害。我国东南沿海地区 8~9 月份台风和热带风暴频发,当台风和热带风暴进入后常造成水稻倒伏,同时也带来稻飞虱和稻纵卷叶螟等迁飞性害虫的发生,影响一季水稻生产。八级以上大风、台风或龙卷风直接对水稻植株的伤害,受害程度与风力强度和生育时期有关,水稻植株表现出叶片枯萎、茎秆倒伏和连蔸拔起等症状。由于降雨过于集中,农田排水困难,当每小时降雨量达 16 毫米以上,或连续 12 小时降雨量达 30 毫米以上,或连续 24 小时降雨量达 50 毫米以上,常常造成暴雨灾害。短时间内的强降雨所造成的山洪暴发或泥石流对水稻植株的伤害,受害程度与冲刷速度、持续时间和泥沙含量有关,水稻植株表现出叶片枯死、茎秆倒伏和连蔸冲毁等症状。山洪引起的水稻灾害不同于浸泡灾害,由于山洪水中泥沙含量较高,即使水稻不被冲毁,但退水后水稻叶片沾满泥灰,影响叶片透水透气和光合作用,叶片容易枯死,时间稍长则会全株死亡。海南台风出现时段为 5～11 月份,其中 8～9 月份最多。但在台风盛季也有低谷期,一般在 8 月上旬、9 月中旬和 10 月上旬。受台风袭击的水稻,在抽穗期不能正常开花授粉,谷壳变黑,剑叶破裂,光合作用受挫,空粒半空粒增加,千粒重减轻;在乳熟黄熟期,出现倒伏、稻秆腐烂、落谷和谷粒发芽等现象。台风季节的降雨量占全年总降雨量的 80%,从 11 月至翌年 5 月是常年出现的旱季。

台风对水稻危害的症状及产量的影响主要为:

①大风造成茎叶损伤、擦伤、撕裂和折损,特别是叶片的裂伤、切断更显著。抽穗前剑叶受风害后,叶基部卷

曲、挫折，抽穗发生困难。茎叶受到机械损伤后，细胞组织破坏，水分输导受阻，收支不平衡，地上部末端出现生理性饥饿现象，导致茎叶损伤部位枯死。

②大风造成擦伤。植株之间发生摆动，导致稻穗之间相互摩擦，使谷壳变色，影响灌浆结实。

③大风造成倒伏。水稻的倒伏对产量有严重的影响，视水稻倒伏时期、倒伏程度和倒伏后天气情况不同，而造成损失情况不一样。倒伏越早对产量影响越大。据调查，在一般情况下，抽穗开花期倒伏的，产量损失 4～5 成，乳熟期倒伏的损失 3 成左右，黄熟期倒伏的损失 1～2 成。同时，倒伏期愈早，米质也愈差。开花至乳熟期倒伏，影响米质最甚，黄熟期倒伏危害显著减轻。水稻受风雨害的倒伏程度表现有两个方面，一是单位面积上倒伏比例的多少，二是植株茎秆屈折角的大小。不论其生育阶段如何，随倒伏程度的增大，水稻受害率增高，减产愈多，米质显著下降，碎米率增高，畸形米增多。水稻倒伏后遇到连续阴雨天气，光合作用急剧下降，同化产物持续降低，甚至停止积累，秕谷率显著增高，千粒重变轻。阴雨时间愈长，危害愈重。即使水稻在蜡熟后期倒伏，连日阴雨也会使粒重下降、稻谷发芽或霉烂，引起严重减产。

④大风造成落粒。水稻灌浆后期，逐渐趋于完熟，遇到大风常使稻粒脱落。

⑤大风造成生理机能下降。当风力超过 6 级时，水稻的茎叶、花穗和籽粒就会受到明显的物理损伤和发生

生理障碍。抽穗前受大风影响,由于稻叶受损、生理机能下降、同化机能降低、单穗颖花数减少而减产。抽穗开花期受强风,往往因秕粒多、碎米率高而减产。绝大多数秕粒是因受精子房初期发育停顿所致。碎米则因叶片受损同化机能下降及谷壳受损贮藏机能下降而发生。刚抽出的稻穗,抵抗力较弱,此时最易受风害,它是在齐穗后第四天的前后几天最容易受害,在减数分裂期,由于受叶鞘保护,受害反而较轻,大风前若遇到连阴雨天气或追肥过多,则受害加重。当土壤干旱,根腐和地温偏低(小于22℃~23℃)或偏高(大于34℃~35℃),根系吸水能力明显下降,受害也较重。总的来说,生理受害造成减产的主要原因是同化量减少。

⑥风后诱发水稻白叶枯病、纹枯病、稻瘟病、叶鞘褐变病等病原菌从受损部位入侵。如稻飞虱等迁飞性害虫也会伴随大风迁飞传播。此外,热带气旋暴雨引起的洪涝,直接淹没农田,形成水涝灾害,在晚稻开花期,热带气旋和冷空气共同作用形成湿型寒露风,对晚稻产量影响尤大。

水稻台风灾后预防及补救措施:

①选择抗倒伏品种,采用平衡施用氮肥和干干湿湿灌溉,以增强水稻的抗倒伏能力。

②搞好水利设施和农田基本建设,兴建水库,加固海堤、河堤和山塘水库的围堤,拦蓄洪水,疏通河道,建立排灌系统,平整土地,使内涝积水迅速排出,减少洪涝,低洼易涝地多种植耐涝作物等。大力营造沿海防护林和农田

林网,减轻风害。

③合理布局作物,使关键生育期避过台风活动最盛期,选育抗逆性强的品种和培育健壮的植株提高抗风能力。

④当台风出现时,要及时天气预报,了解台风强度、登陆地点和路径等,在台风登陆前采取必要的防御措施。

⑤台风过后,应及时抢修被毁堤围,疏通渠道,排涝去渍,扶苗洗苗。应根据水稻受灾程度,决定是否保苗。对于保苗田块,应对水稻叶片进行清洗,喷射菌毒清防除病害。植株恢复生长后,适施速效肥,以促生机,及时做好防治病虫害工作。受淹后,稻田肥料流失较多,植株生活力下降,退水后可根据稻苗长势适当补施肥料。单季晚稻稻田每 667 米^2 追施尿素 5～6 千克。对淹水深、时间长田块,台风后每 667 米^2 先用磷酸二氢钾 0.1 千克加 1 千克尿素进行叶面喷施,增强抗性;待排水露田后再适量追施化肥。及时喷药防治病虫害。台风过后,大量叶片受伤,稻田受淹病源增多,极有利水稻病害发生,稻飞虱和稻纵卷叶螟也常发生,应根据病虫发生实际,及时选用对口农药防治。水稻细菌性病害防治建议使用农用链霉素或农用青霉素 1 500～2 000 倍液喷洒;白叶枯病建议使用 50% 叶青双喷洒。

附录 各省双季稻主要种植方式及生育期

附表 1 浙江省主要稻区双季稻种植方式及生育期

稻 区	种植方式	季 节	播种期(起~止)	移栽期(起~止)	成熟期(起~止)
金衢	机 插	早 稻	3 月 20 日~4 月 5 日	4 月 10~30 日	7 月 10 日~8 月 15 日
		晚 稻	6 月 25~30 日	7 月 15~30 日	10 月 20 日~11 月 5 日
	抛 秧	早 稻	3 月 18~22 日	4 月 5~25 日	7 月 5~20 日
		晚 稻	6 月 25~30 日	7 月 10~15 日	10 月 15~20 日
	手 播	早 稻	3 月 15~25 日	4 月 15~27 日	7 月 10~25 日
		晚 稻	6 月 13~30 日	7 月 15~25 日	10 月 15~30 日
	直 播	早 稻	3 月 25 日~4 月 12 日	—	7 月 15 日~8 月 18 日
		晚 稻	7 月 15~25 日	—	10 月 20~30 日

续附表 1

稻区	种植方式	季节	播种期（起～止）	移栽期（起～止）	成熟期（起～止）
宁绍	机插	早稻	3 月 3～5 日	4 月 2～5 日	7 月 25 日左右
		晚稻	7 月 5～10 日	7 月 26～28 日	11 月 1～5 日
	抛秧	早稻	3 月 3～5 日	4 月 25～30 日	7 月 24 日左右
		晚稻	7 月 5～10 日	7 月 27 日左右	11 月 1～1 日
	手插	早稻	4 月 2～5 日	4 月 3～5 日	7 月 24 日左右
		晚稻	6 月 23 日左右	7 月 28 日左右	11 月 5～10 日
	直播	早稻	4 月 12～15 日	—	7 月 28 日左右
温台	机插	早稻	3 月 20～30 日	4 月 20 日～5 月 2 日	7 月 18～30 日
		晚稻	7 月 1～10 日	7 月 30 日～8 月 10 日	11 月 10～25 日
	手插	早稻	3 月 25 日～4 月 10 日	4 月 25 日～5 月 10 日	7 月 10～30 日
		晚稻	6 月 25 日～7 月 5 日	7 月 25～30 日	11 月 1～10 日
	直播	早稻	4 月 6～15 日	—	7 月 18～30 日
		晚稻	7 月 20～30 日	—	11 月 1～15 日
	抛秧	早稻	3 月 10～30 日	4 月 6～22 日	7 月 15～30 日

附表2 江西省主要稻区双季稻种植方式及生育期

稻区	种植方式	季节	播种期（起~止）	移栽期（起~止）	成熟期（起~止）
赣北	机插	早稻	3 月 25~28 日	4 月 23~28 日	7 月 18~23 日
		晚稻	6 月 30 日~7 月 5 日	7 月 25~28 日	10 月 22~30 日
	抛秧	早稻	3 月 25~28 日	4 月 23~28 日	7 月 18~23 日
		晚稻	6 月 28 日~7 月 2 日	7 月 25~28 日	10 月 22~30 日
	手插	早稻	3 月 25~28 日	4 月 23~28 日	7 月 18~23 日
		晚稻	6 月 25~27 日	7 月 25~28 日	10 月 22~30 日
	直播	早稻	4 月 8~10 日		7 月 20~25 日
		晚稻	7 月 25~27 日		10 月 25~30 日
赣南	机插	早稻	3 月 15~20 日	4 月 15~20 日	7 月 13~18 日
		晚稻	6 月 30 日~7 月 5 日	7 月 20~25 日	10 月 20~25 日
	抛秧	早稻	3 月 15~20 日	4 月 15~20 日	7 月 13~18 日
		晚稻	6 月 28 日~7 月 2 日	7 月 20~25 日	10 月 20~25 日
	手插	早稻	3 月 15~20 日	4 月 15~20 日	7 月 13~18 日
		晚稻	6 月 20~25 日	7 月 20~25 日	10 月 20~25 日
	直播	早稻	4 月 1~5 日		7 月 15~20 日
		晚稻	7 月 25~30 日		10 月 25~30 日

续附表 2

稻区	种植方式	季节	播种期(起~止)	移栽期(起~止)	成熟期(起~止)
吉泰盆地	机插	早稻	3 月 20~25 日	4 月 18~22 日	7 月 13~20 日
		晚稻	6 月 30 日~7 月 5 日	7 月 20~25 日	10 月 20~25 日
	抛秧	早稻	3 月 15~20 日	4 月 15~22 日	7 月 13~20 日
		晚稻	6 月 28 日~7 月 2 日	7 月 15~25 日	10 月 20~25 日
	手插	早稻	3 月 20~25 日	4 月 18~22 日	7 月 13~20 日
		晚稻	6 月 20~25 日	7 月 20~25 日	10 月 20~25 日
	直播	早稻	4 月 1~5 日		7 月 15~20 日
		晚稻	7 月 15~25 日		10 月 25~30 日
鄱阳湖平原	机插	早稻	3 月 25~28 日	4 月 20~25 日	7 月 13~20 日
		晚稻	6 月 30 日~7 月 5 日	7 月 15~25 日	10 月 20~25 日
	抛秧	早稻	3 月 25~28 日	4 月 20~25 日	7 月 13~20 日
		晚稻	6 月 28 日~7 月 2 日	7 月 15~25 日	10 月 20~25 日
	手插	早稻	3 月 25~28 日	4 月 20~25 日	7 月 13~20 日
		晚稻	6 月 20~28 日	7 月 15~25 日	10 月 20~25 日
	直播	早稻	4 月 5~10 日	—	7 月 15~22 日
		晚稻	7 月 20~25 日	—	10 月 25~30 日

附表 3　湖南省主要稻区双季稻种植方式及生育期

稻区	种植方式	季节	播种期（起～止）	移栽期（起～止）	成熟期（起～止）
湘北	机插	早稻	3 月 27～30 日	4 月 20～25 日	7 月 15～18 日
		晚稻	6 月 20～23 日	7 月 15～20 日	9 月 20～25 日
	抛秧	早稻	3 月 27～30 日	4 月 20～25 日	10 月 15 日左右
		晚稻	6 月 20～23 日	7 月 15～20 日	7 月 20～25 日
	手插	早稻	3 月 27～30 日	4 月 25～30 日	7 月 15 日左右
		晚稻	6 月 15～20 日	7 月 17～22 日	9 月 20～25 日
	直播	早稻	5 月 15～18 日	—	7 月 15～20 日
		晚稻	10 月 15～18 日	—	9 月 25～30 日
湘南	机插	早稻	3 月 20～25 日	4 月 15～20 日	7 月 15～25 日
		晚稻	6 月 22～30 日	7 月 15～25 日	9 月 17～25 日
	抛秧	早稻	3 月 20～25 日	4 月 15～20 日	7 月 15～25 日
		晚稻	6 月 22～30 日	7 月 15～25 日	9 月 17～25 日
	手插	早稻	3 月 20～25 日	4 月 25～30 日	7 月 15～25 日
		晚稻	6 月 17～25 日	7 月 20～30 日	9 月 20～25 日
	直播	早稻	5 月 10～15 日	—	7 月 15～25 日
		晚稻	7 月 15～20 日	—	9 月 20～30 日

续附表 3

稻区	种植方式	季节	播种期(起~止)	移栽期(起~止)	成熟期(起~止)
湘中	机插	早稻	3 月 20~28 日	4 月 15~23 日	7 月 13~15 日
		晚稻	6 月 20~25 日	7 月 15~20 日	9 月 15~25 日
	抛秧	早稻	3 月 20~28 日	4 月 15~23 日	7 月 13~15 日
		晚稻	6 月 20~25 日	7 月 15~20 日	9 月 15~25 日
	手插	早稻	3 月 23~28 日	4 月 25~30 日	7 月 15~15 日
		晚稻	6 月 15~20 日	7 月 17~25 日	9 月 17~25 日
	直播	早稻	5 月 10~12 日	—	7 月 15~20 日
		晚稻	10 月 15~18 日	—	9 月 22~30 日

附表 4 海南省主要稻区双季稻种植方式及生育期

稻区	种植方式	季节	播种期（起~止）	移栽期（起~止）	成熟期（起~止）
东北	抛秧	早稻	12月15日~翌年1月15日	1月1~30日	5月1~30日
		晚稻	5月1~30日	6月1~30日	9月1~30日
	手插	早稻	12月15日~翌年1月15日	1月1~30日	5月1~30日
		晚稻	5月1~30日	6月1~30日	9月1~30日
	直播	早稻	1月15日~2月15日	—	5月1~30日
		晚稻	6月1~30日	—	10月1~30日
东南	抛秧	早稻	12月15日~翌年1月5日	1月15日~2月10日	5月10~20日
		晚稻	5月30日~6月10日	6月1~20日	9月15~30日
南部	抛秧	早稻	12月1~30日	1月1~30日	4月1~30日
		晚稻	5月1~30日	6月1~30日	11月1~30日
	手插	早稻	12月1~30日	1月1~30日	4月1~30日
		晚稻	5月1~30日	6月1~30日	11月1~30日
西北	抛秧	早稻	1月28日~2月8日	2月16~18日	6月5~15日
		晚稻	7月1~10日	7月12~14日	10月25日~11月3日
	手插	早稻	1月28日~2月10日	2月28日~3月5日	6月10~20日
		晚稻	7月1~10日	7月19~29日	10月25日~11月5日

附表 5　福建省主要稻区双季稻种植方式及生育期

稻区	种植方式	季节	播种期（起~止）	移栽期（起~止）	成熟期（起~止）
闽南	机插	早稻	2 月 25 日~3 月 20 日	4 月 7~30 日	7 月 20~30 日
		晚稻	7 月 1~20 日	7 月 15 日~8 月 5 日	11 月 18~30 日
	抛秧	早稻	3 月 1 日~4 月 5 日	4 月 7~5 月 5 日	7 月 15 日~8 月 5 日
		晚稻	7 月 1~20 日	7 月 15 日~8 月 5 日	11 月 1~30 日
	手插	早稻	2 月 20 日~4 月 5 日	4 月 1~30 日	7 月 20 日~8 月 5 日
		晚稻	7 月 1~25 日	7 月 25 日~8 月 20 日	11 月 1~30 日
	直播	早稻	3 月 30 日~4 月 5 日	—	7 月 20 日~8 月 5 日
		晚稻	7 月 20~30 日	—	11 月 1~20 日
闽西北	机插	早稻	3 月 1~15 日	3 月 20 日~4 月 10 日	7 月 1~25 日
		晚稻	6 月 15~25 日	7 月 1~10 日	10 月 15 日~11 月 10 日
	抛秧	早稻	3 月 1~15 日	3 月 20 日~4 月 10 日	7 月 1~25 日
		晚稻	6 月 15~25 日	7 月 1~10 日	10 月 15 日~11 月 10 日
	手插	早稻	3 月 1~15 日	3 月 25 日~4 月 15 日	7 月 1~30 日
		晚稻	6 月 5~25 日	7 月 5~25 日	10 月 15 日~11 月 20 日
	直播	早稻	3 月 20~30 日	—	7 月 10~20 日

续附表 5

稻区	种植方式	季节	播种期（起～止）	移栽期（起～止）	成熟期（起～止）
闽东北	机播	早稻	3 月 1～20 日	4 月 5～15 日	7 月 10～25 日
		晚稻	6 月 15 日～25 日	7 月 1～10 日	11 月 10 日～12 月 10 日
	抛秧	早稻	3 月 1～20 日	4 月 1～10 日	7 月 10 日～8 月 5 日
		晚稻	6 月 15～25 日	7 月 1～10 日	11 月 10 日～12 月 10 日
	手播	早稻	3 月 1～20 日	4 月 1～20 日	7 月 10～25 日
		晚稻	6 月 10～25 日	7 月 1～25 日	11 月 10 日～12 月 10 日
	直播	早稻	3 月 15～30 日	—	7 月 15～25 日
		晚稻	6 月 20 日～7 月 1 日	—	11 月 15～30 日

附表 6　广西壮族自治区主要稻区双季稻种植方式及生育期

稻区	种植方式	季节	播种期（起～止）	移栽期（起～止）	成熟期（起～止）
桂北	抛秧	早稻	4月1～10日	4月20～30日	7月20～30日
		晚稻	6月30日～7月10日	7月20日～8月1日	10月30日～11月5日
	手插	早稻	3月20～30日	4月20～30日	7月20～30日
		晚稻	6月30日～7月10日	7月20日～8月1日	10月30日～11月5日
桂中	抛秧	早稻	3月20～30日	4月10～20日	7月20～30日
		晚稻	6月30日～7月10日	7月20日～8月1日	10月30日～11月5日
	手插	早稻	3月10～20日	4月10～20日	7月20～30日
		晚稻	6月30日～7月10日	7月20日～8月1日	10月30日～11月5日
桂南	抛秧	早稻	3月10～20日	4月1～10日	7月10～20日
		晚稻	7月1～15日	7月30日～8月5日	10月30日～11月10日
	手插	早稻	3月1～10日	4月1～5日	7月10～20日
		晚稻	7月1～10日	7月30日～8月5日	10月30日～11月10日

附表 7 安徽省主要稻区双季稻种植方式及生育期

稻区	种植方式	季节	播种期(起～止)	移栽期(起～止)	成熟期(起～止)
宿望庚纵圩丘	抛秧	早稻	3月25～30日	4月20～25日	7月22～25日
		晚稻	6月20～25日	7月23～26日	10月22～25日
	直播	早稻	4月10～15日	—	7月25～30日
		晚稻	7月25～30日	—	10月25～30日
	机插	早稻	4月3～5日	4月20～25日	7月25～30日
		晚稻	6月20～25日	7月25～30日	10月25～30日
	手插	早稻	3月25～30日	4月25～30日	7月25～30日
		晚稻	6月15～20日	7月25～30日	10月25～30日
桐庐丘陵	抛秧	早稻	4月1～5日	4月15～22日	7月25～28日
		晚稻	6月20～25日	7月23～26日	10月20～25日
	直播	早稻	4月15～18日	—	7月25～30日
		晚稻	7月25～30日	—	10月25～30日
	机插	早稻	4月5～8日	4月25～28日	7月25～30日
		晚稻	6月20～25日	7月25～30日	10月20～25日
	手插	早稻	4月5～8日	4月28～30日	7月25～30日
		晚稻	6月15～20日	7月25～30日	10月20～25日

续附表7

稻区	种植方式	季节	播种期(起~止)	移栽期(起~止)	成熟期(起~止)
冀芜平原	抛秧	早稻	4月1~5日	4月20~25日	7月22~25日
		晚稻	6月20~25日	7月23~26日	10月25~30日
	直播	早稻	4月12~15日	—	7月25~30日
		晚稻	7月25~30日	—	10月底至11月5日
	机插	早稻	4月5~8日	4月20~25日	7月22~25日
		晚稻	6月20~25日	7月25~28日	10月底~11月5日
	手插	早稻	4月5~8日	4月25~30日	7月22~25日
		晚稻	6月15~20日	7月25~30日	10月25~30日
江南丘山	抛秧	早稻	4月1~5日	4月20~25日	7月22~25日
		晚稻	6月18~22日	7月25~28日	10月23~25日
	直播	早稻	4月10~15日	—	7月25~30日
		晚稻	7月25~30日	—	10月25~30日
	机插	早稻	4月3~5日	4月20~25日	7月25~30日
		晚稻	6月20~25日	7月25~28日	10月25~30日
	手插	早稻	4月5~8日	4月25~30日	7月25~30日
		晚稻	6月10~20日	7月25~30日	10月25~30日

附表 8　广东省主要稻区双季稻种植方式及生育期

稻区	种植方式	季节	播种期(起~止)	移栽期(起~止)	成熟期(起~止)
粤北	机插	早稻	3月15~31日	4月5~20日	7月13~24日
		晚稻	7月10~15日	7月25日~8月1日	10月20日~11月8日
	抛秧	早稻	3月13~28日	4月7~20日	7月12~22日
		晚稻	7月8~13日	7月25~31日	10月18日~11月7日
	手插	早稻	3月10~25日	4月10~25日	7月10~20日
		晚稻	7月5~10日	7月25日~8月2日	10月16日~11月5日
中北	机插	早稻	3月10~15日	3月31日~4月5日	7月15~20日
		晚稻	7月16~20日	7月28日~8月1日	11月8~17日
	抛秧	早稻	3月8~12日	4月2~7日	7月12~18日
		晚稻	7月15~20日	7月30日~8月3日	11月7~16日
	手插	早稻	3月5~10日	4月5~10日	7月10~15日
		晚稻	7月5~18日	7月25日~8月5日	11月6~15日
	直播	早稻	3月9~18日	—	7月9~15日

续附表 8

稻区	种植方式	季节	播种期(起~止)	移栽期(起~止)	成熟期(起~止)
中南	机插	早稻	3 月 2~8 日	3 月 24 日~4 月 3 日	7 月 12~20 日
		晚稻	7 月 15~25 日	7 月 30 日~8 月 5 日	11 月 12~23 日
	手插	早稻	2 月 22~3 月 3 日	3 月 25 日~4 月 5 日	7 月 10~20 日
		晚稻	7 月 5~25 日	7 月 31 日~8 月 8 日	11 月 10~22 日
	直播	早稻	2 月 27 日~3 月 8 日	—	7 月 8~18 日
		晚稻	7 月 20~25 日	—	11 月 10~20 日
	抛秧	早稻	2 月 28 日~3 月 6 日	3 月 23 日~4 月 1 日	7 月 12~22 日
		晚稻	7 月 15~25 日	7 月 30 日~8 月 5 日	11 月 12~23 日
西南	机插	早稻	2 月 23 日~3 月 2 日	3 月 15~23 日	7 月 10~15 日
		晚稻	7 月 17~25 日	7 月 28 日~8 月 8 日	11 月 15~25 日
	手插	早稻	2 月 15~25 日	3 月 20 日~4 月 1 日	7 月 5~10 日
		晚稻	7 月 10~25 日	7 月 30 日~8 月 10 日	11 月 13~20 日
	直播	早稻	2 月 22~28 日	—	7 月 5~10 日
		晚稻	7 月 20~25 日	—	11 月 15~20 日
	抛秧	早稻	2 月 20~28 日	3 月 15~25 日	7 月 8~12 日
		晚稻	7 月 15~25 日	7 月 30 日~8 月 8 日	11 月 18~25 日

参考文献

[1] 浙江省统计局,浙江省种子管理局,等.浙江省农业统计资料,浙江各地市农技推广中心资料.

[2] 安徽省统计局,安徽省种子管理局,等.安徽省农业统计资料,安徽省种子管理站统计资料.

[3] 湖南省统计局,湖南省种子管理局,等.湖南省农业统计资料,湖南省农技推广中心统计资料.

[4] 湖北省统计局,湖北省种子管理局,等.湖北省农村统计年鉴,湖北省统计局等.

[5] 江西省统计局,江西省种子管理局,等.江西省农业统计年鉴,江西省农业技术推广总站统计资料.

[6] 福建省统计局,福建省种子管理局,等.福建省农业统计年鉴,福建各地市农技推广中心资料.

[7] 广东省统计局,广东省种子管理局,等.广东省农业统计年鉴,广东各地市农技推广中心资料.

[8] 广西壮族自治区统计局,广西壮族自治区种子管理局,等.广西壮族自治区农业统计年鉴,广西各地市农技推广中心资料.

[9] 海南省统计局,海南省种子管理局,等.海南省农业统计年鉴,海南广西各地市农技推广中心资料.

[10] 陈芬菲.我国粮食生产和消费趋势.中国国情国力,2009(11):11-13.

[11] 陈印军,唐华俊,尹昌斌.对我国南方双季稻

主产区粮食生产结构调整的思考．中国农业科技导报，1999(1)：36-39．

[12] 范淦清．长江下游栽培双季稻的热量条件及其展望．上海农业科技，1981(3)：9-11．

[13] 顾骏强．浙江双季稻气候生产潜力的探讨．浙江气象科技，1989(04)：17-20．

[14] 贺正勇，易红兵．我国粮食生产存在的问题及发展对策研究．中国西部科技，2009(22)：59-61．

[15] 姜长云，张艳平．我国粮食生产的现状和中长期潜力．经济研究参考，2009(15)：16-30．

[16] 李实烨，王家玉，孔繁根．稻田连年种植"大麦双季稻"三熟制对作物产量和土壤肥力的影响．中国农业科学，1987，20(01)：59-65．

[17] 马国辉．南方三熟稻区双季稻超高产栽培研究进展．中国农业科技导报，2000(03)：16-21．

[18] 马有均．试从生态环境谈我省双季稻育种问题．四川农业科技，1980(04)：8-10．

[19] 毛昌祥，石瑜敏，周行，等．我国杂交水稻组合和面积的变化趋势．广西农业科学，2005，36(4)：287-291．

[20] 莫亚丽，谢惠，任泽民，等．双季稻收割时稻谷含水量的差异及原因分析．作物研究，2008，22(4)：282-284．

[21] 潘瑞炽．中国双季稻的栽培．华南师院学报（自然科学版），1981(02)：135-140．

［22］ 戚昌瀚,郭进耀.双季稻吨粮田的栽培模式与关键技术.江西农业大学学报,1993(S1):48-51.

［23］ 綦校海,陈文琼,吴欢欢.影响我国粮食生产因素的实证分析——基于1983—2005年的数据.管理观察,2009(9):26-27.

［24］ 裘国旺,王馥棠.气候变化对我国江南双季稻生产可能影响的数值模拟研究.应用气象学报,1998,9(2):151-159.

［25］ 石庆华,潘晓华,黄英金,等."江西双季稻丰产高效技术集成与示范"项目的实施效果分析.江西农业大学学报,2005,27(3):371-373.

［26］ 宋晓松,冷凯洛.我国主要产粮省份粮食生产影响因素的比较分析.云南财经大学学报(社会科学版),2008,23(3):108-110.

［27］ 王琳,臧英,罗锡文.我国水稻生产机械化发展对策.农机化研究,2009(6):1-4,20.

［28］ 王岳.双季稻区收获农艺及联合收割机型谱.农机科技推广,2002(04):7-9.

［29］ 吴敬学,杨巍,张扬.我国粮食生产科技作用与展望.农业科技展望,2008(8):39-42.

［30］ 谢佰承,罗伯良,殷剑敏,等.我国南方水稻孕穗期适宜温度和全生育期≥10℃积温指标鉴定.安徽农业科学,2008,36(32):14014-14015,14219.

［31］ 辛良杰,李秀彬.近年来我国南方双季稻区复种的变化及其政策启示.自然资源学报,2009,24

(01):58-65.

[32] 杨仕华,廖琴,胡小军,等.我国常规水稻品种选育与推广分析.中国稻米,2009(5):1-4.

[33] 禹盛苗,许德海,林贤青.双季水稻不同栽培方式高产特性比较.西南农业学报,1998,11:109-115.

[34] 曾希柏,孙楠,高菊生,等.双季稻田改制对作物生长及土壤养分的影响.中国农业科学,2007,40(6):1198-1205.

[35] 张建平,赵艳霞,王春乙,等.气候变化对我国南方双季稻发育和产量的影响.气候变化研究进展,2005,1(4):151-156.

[36] 张利国,王慧芳.我国粮食主产区粮食生产演变探析.农业经济,2009(9):40-42.

[37] 张旭,孔清霓,刘彦卓,等.华南双季晚稻旱育秧无土抛栽产量构成因素分析.西南农业学报,1998,11:133-141.

[38] 张杨珠,黄运湘,邹应斌,等.双季稻一次性全层施肥技术的研究与示范推广.中国农业科技导报,2001,3(6):36-41.

[39] 邹应斌.湖南双季稻高产栽培40年回顾与展望.作物研究,1999(01):2-5,9.

[40] 邹应斌,陈玉枚,徐国生,等.双季超级稻产量和氮磷钾吸收的基因型差异.作物研究,2008,22(4):225-229.

[41] 邹应斌,戴魁根.湖南发展双季稻生产的优

势．作物研究，2008，22(4)：209-213.

[42] 敖和军，王淑红，邹应斌．超级杂交稻干物质生产特点与产量稳定性研究．中国农业科学，2008，41(7)：1927-1936.

[43] 陈鸿飞，梁义元，林瑞余，等．不同栽培模式早稻—再生稻头季稻分蘖动态及生理生化特性研究，中国生态农业学报，2008，16(1)：129-133.

[44] 陈惠哲，朱德峰，徐一成，等．杂交稻钵形毯状秧苗机插技术研究，2008年中国作物学会学术年会论文摘要集．

[45] 陈健，何如林，陈兆金，等．水稻直播栽培技术及存在问题．大麦与谷类科学，2008(1)：27-28.

[46] 陈天恩，赵春江，陈立平，等．测土配方施肥辅助决策平台的研究与应用，2008，25(9)：2748-2750.

[47] 关伟，钱晓刚．超级杂交稻茎秆形态与抗倒伏相关性研究．耕作与栽培，2008(2)：10-12.

[48] 何文洪，陈惠哲，朱德峰，等．不同播种量对水稻机插秧苗素质及产量的影响．中国稻米，2008(3)：60-62.

[49] 黄世劭．不同育秧方式对晚稻产量的影响研究．中国农技推广，2007(10)：17-19.

[50] 姜思权，杨树华，胡小琼，等．水稻无盘旱育抛秧技术研究，南方农业，2008(1)：21-25.

[51] 兰志超，张玉屏，朱德峰．无纺布育秧对早稻秧苗生长影响的初步试验．中国稻米，2007(6)：40-42.

[52]　刘宝祥,冯建波．机插水稻的育苗及高产精确定量栽培技术,农业装备技术,2008,34(3):42-43.

[53]　罗锡文,蒋恩臣,王在满,等．开沟起垄式水稻精量穴直播机的研制．农业工程学报,2009,24(2):52-56.

[54]　任万军,刘代银,伍菊仙,等．免耕高留茬抛秧稻的产量及若干生理特性研究,作物学报,2008,34(11):1994-2002.

[55]　徐富贤,熊洪,朱永川,等．促芽肥施用量对杂交中稻再生力的影响与组合间源库结构的关系,西南农业学报,2008,21(3):688-694.

[56]　徐一成,朱德峰,赵匀,等．超级稻精量条播与撒播育秧对秧苗素质及机插效果的影响．农业工程学报,2009,25(1):99-103.

[57]　杨建昌,杜永,刘辉．长江下游稻麦周年超高产栽培途径与技术,中国农业科学,2008,41(6):1611-1621.

[58]　易镇邪,周文新,秦鹏,等．再生稻与同期抽穗主季稻源库流特性差异研究．作物学报,2009,35(1):141-148.

[59]　袁志章,胡祝祥,华荣．直播稻发展现状与应用前景分析．耕作与栽培,2008(6):5-6.

[60]　朱伏生,杨来安．水稻免耕直播高产配套栽培技术．安徽农学通报,2008,14(6):117.

[61]　朱纪林,沈静,朱壮根．水稻机械化直播种植

的实践与探讨．农业科技与信息．2008,(15):8-10.

　　[62]　青先国,艾治勇．湖南水稻种植区域化布局研究．农业现代化研究,2007,28(6):704-708.

　　[63]　李林,邹冬生,屠乃美,等．南方稻田农作制度研究进展．河南科技大学学报,2003,23(3):14-17.

　　[64]　黄璜．稻田抗洪抗旱的功能Ⅰ．深灌对水稻产量及营养器官的影响．湖南农业大学学报,1998(5):4-7.

　　[65]　黄淑娥,王保生．鄱阳湖区域洪涝灾害对早稻产量的影响及防御对策．中国农业大学学报(S1),1997,2(增刊):156-159.

　　[66]　李林,高根兴,凌炳镛,胡新民,等．水稻雨涝灾害及其对策的初步研究．中国农业气象,1996,17(2):1-5,21.

　　[67]　李永恒,李大文,莫冬生．台风洪涝对连作晚稻危害分析．苏州丝绸工学院学报,1999,19(2):72-75.

　　[68]　林迢,简根梅,裘鹏霄,等．浙江早稻播种育秧期连阴雨发生规律分析．中国农业气象,2001,22(3):11-15.

　　[69]　蔺万煌,孙福增,彭克勤,等．洪涝胁迫对水稻产量及产量构成因素的影响．湖南农业大学学报,1997,23(1):50-54.

　　[70]　卢冬梅,刘文英．夏秋季高温干旱对江西省双季晚稻产量的影响．中国农业气象,2006,27(1):46-48.

[71] 王翠花,翟保平,包云轩.“海棠”台风气流场对褐飞虱北迁路径的影响.应用生态学报,2009,20(10):2506-2512.

[72] 赵言文,肖新,胡锋.江西季节性干旱区节水条件下引种稻水分生产力及产量品质分析.干旱地区农业研究,2007,25(6):45-51,56.

[73] 郑秋玲.不同生育阶段干旱胁迫下的水稻产量效应.河北农业科学,2004,8(3):83-85.

[74] 张晓慧,张安存,柏正祥.洪涝对水稻的危害及其抗灾减灾的栽培措施.上海农业科技,2008(2):121.

金盾版图书，科学实用，
通俗易懂，物美价廉，欢迎选购

油菜植保员培训教材	10.00 元	棉花病虫害防治实用技术	5.00 元
芝麻高产技术(修订版)	3.50 元	彩色棉在挑战——中国首次彩色棉研讨会论文集	15.00 元
黑芝麻种植与加工利用	11.00 元		
蓖麻栽培及病虫害防治	7.50 元		
蓖麻向日葵胡麻施肥技术	2.50 元	特色棉高产优质栽培技术	11.00 元
油茶栽培及茶籽油制取	12.00 元		
棉花农艺工培训教材	10.00 元	棉花红麻施肥技术	4.00 元
棉花植保员培训教材	8.00 元	棉花病虫害及防治原色图册	13.00 元
棉花节本增效栽培技术	11.00 元		
抗虫棉优良品种及栽培技术	13.00 元	棉花盲椿象及其防治	10.00 元
		亚麻(胡麻)高产栽培技术	4.00 元
棉花高产优质栽培技术(第二次修订版)	10.00 元		
		葛的栽培与葛根的加工利用	11.00 元
棉花黄萎病枯萎病及其防治	8.00 元		
		甘蔗栽培技术	6.00 元
棉花病虫害诊断与防治原色图谱	22.00 元	甜菜甘蔗施肥技术	3.00 元
		甜菜生产实用技术问答	8.50 元
图说棉花基质育苗移栽	12.00 元	烤烟栽培技术	11.00 元
怎样种好 Bt 抗虫棉	4.50 元	药烟栽培技术	7.50 元
棉花规范化高产栽培技术	11.00 元	烟草施肥技术	6.00 元
		烟草病虫害防治手册	11.00 元
棉花良种繁育与成苗技术	3.00 元	烟草病虫草害防治彩色图解	19.00 元
棉花良种引种指导(修订版)	13.00 元	花椒病虫害诊断与防治原色图谱	19.50 元
棉花育苗移栽技术	5.00 元	花椒栽培技术	5.00 元
棉花病害防治新技术	5.50 元	八角种植与加工利用	7.00 元

以上图书由全国各地新华书店经销。凡向本社邮购图书或音像制品,可通过邮局汇款,在汇单"附言"栏填写所购书目,邮购图书均可享受 9 折优惠。购书 30 元(按打折后实款计算)以上的免收邮挂费,购书不足 30 元的按邮局资费标准收取 3 元挂号费,邮寄费由我社承担。邮购地址:北京市丰台区晓月中路 29 号,邮政编码:100072,联系人:金友,电话:(010)83210681、83210682、83219215、83219217(传真)。